Daniela Döring

Eine kurze Einführung in die Systemtheorie

Daniela Döring

Eine kurze Einführung in die Systemtheorie

Lehr- und Übungsbuch

Mit 40 Abbildungen

STUDIUM

VIEWEG+
TEUBNER

Bibliografische Information der Deutschen Nationalbibliothek
Die Deutsche Nationalbibliothek verzeichnet diese Publikation in der Deutschen Nationalbibliografie; detaillierte bibliografische Daten sind im Internet über <http://dnb.d-nb.de> abrufbar.

1. Auflage 2011

Lektorat: Reinhard Dapper | Maren Mithöfer

Vieweg+Teubner Verlag ist eine Marke von Springer Fachmedien.
Springer Fachmedien ist Teil der Fachverlagsgruppe Springer Science+Business Media.
www.viewegteubner.de

Umschlaggestaltung: KünkelLopka Medienentwicklung, Heidelberg
Druck und buchbinderische Verarbeitung: STRAUSS GMBH, Mörlenbach
Gedruckt auf säurefreiem und chlorfrei gebleichtem Papier.
Printed in Germany

ISBN 978-3-8348-1429-6

Geleitwort

Auch die strenge wissenschaftliche Forschung
kann ohne das freie Spiel der Einbildungskraft
nicht vorwärts kommen.
Wer nicht gelegentlich auch einmal kausalwidrige
Dinge zu denken vermag, wird seine
Wissenschaft nie um eine neue Idee
bereichern können.
PROF. DR. HABIL. MAX PLANCK, PHYSIKER
(1858-1947)

Vorwort

Das vorliegende Werk stellt ein Kompendium dar, welches den Inhalt der einsemestrigen Lehrveranstaltungen[1] *Grundlagen der Systemtheorie* bzw. *Signale und Systeme* an der Hochschule Lausitz (FH) umfasst. Dieses Lehr- und Übungsbuch kann vor allem für die Studierenden der Studiengänge Elektrotechnik und Informatik ein nützlicher Begleiter durch das anspruchsvolle Studium sein. Selbstverständlich können auch Neugierige, die einfach mal in die Materie *Systemtheorie* „hineinschnuppern" wollen, einen Blick in das Büchlein riskieren. Den erfahrenen Ingenieuren kann dieses Buch als Nachschlagewerk dienen.

Kritiker werden vielleicht fragen: Wieso schon wieder ein Buch über das Thema Systemtheorie? Das Buch erhebt keinen Anspruch auf neue theoretische Inhalte. Vielmehr war es meine Absicht, die komplexen Zusammenhänge in der Systemtheorie anschaulich darzustellen. Die angestrebte Art des Schreibstils soll dabei helfen, eine junge Generation zu ermuntern, über die Freude am Lernen, fachliche Kompetenzen zu erwerben.

Die Grundlagen zur mathematischen Beschreibung im Zeit-und Frequenzbereich linearer, zeitinvarianter Systeme bilden den Kern des Buches. Es stellt einen wesentlichen Nachteil dar, dass die Systemtheorie durch einen sehr hohen Abstraktionsgrad charakterisiert ist. Dies hat zur Folge, dass Studierende oft schon in den ersten Lehrveranstaltungen den roten Faden verlieren und dann nur noch ungenügend motiviert sind. Aus diesem Grund, lege ich in diesem Buch mein Augenmerk auf eine einfache und verständliche Vermittlung des Fachwissens. Es wird bewusst auf unnötige mathematische Herleitungen und Beweisführungen verzichtet. Dies eröffnet Raum, wesentliche Inhalte, kurz und prägnant, erörtern zu können. Die Theorie wird flankiert von Beispielen. Darüber hinaus erfolgt nach jedem Kapitel eine Auswahl an Übungsaufgaben, deren Lösungen detailliert im Anhang des Buches angegeben werden. Somit eignet sich dieses Büchlein auch prima für das Selbststudium im stillen Kämmerlein.

An dieser Stelle sei noch eine kurze Bemerkung zum Schreibstil gestattet. Der Inhalt dieses Buches basiert auf wissenschaftlichen Grundlagen, dennoch wird aus Gründen einer besseren Verständlichkeit in diesem Buch auch die „Wir-Form" benutzt.

Für Ergänzungen, Hinweise und Korrekturen bin ich Ihnen - liebe Leserin und lieber Leser - sehr dankbar. Scheuen Sie sich nicht, auch kleinste Fehler anzuzeigen. Sie erreichen mich unter *daniela.doering@hs – lausitz.de.*

Ich danke meinem Alex für die vielseitige Hilfe, vor allem für das Korrekturlesen des Manuskriptes und seiner moralischen Unterstützung während der langwierigen Arbeit. Dem Vieweg+Teubner Verlag gebührt Dank für die pragmatische Zusammenarbeit und die Förderung dieses Projektes.

Viel Freude beim Lesen dieses Kompendiums wünscht Ihnen Ihre Autorin.

LEIPZIG, SENFTENBERG IM SEPTEMBER 2010 — DANIELA DÖRING

[1] Diese Lehrveranstaltungen wurden in den Jahren 2008-2010 für Studierende des 3. Fachsemesters der Studiengänge Informatik sowie Kommunikations- und Elektrotechnik angeboten.

Inhaltsverzeichnis

1 Einführung in die Signale und Systeme

Bevor wir uns in die Grundlagen der Systemtheorie stürzen, würden Sie, liebe Leser, sicher ein Veto einlegen und fragen: Warum? Die Systemtheorie stellt eine Art „Fundament" dar, ohne die das „Haus" Technik nicht stabil stehen könnte. Womit beschäftigt man sich in der Systemtheorie? Allgemein kann man sagen, dass in der Systemtheorie Systeme „verschiedenster Art" beschrieben werden. Ein System ist ein sehr allgemeiner, abstrakter Begriff, der z. B. in der Soziologie, Politik, Naturwissenschaft, Technik, ... einen unterschiedlichen Abstraktionsgrad hat. So dient z. B. der Begriff „System" in der Soziologie für die Beschreibung der sozialen Handlungen der Menschen. In der Technik hingegen stellen Systeme technische Prozesse oder technische Anlagen dar, die man mithilfe mathematischer Gleichungen beschreibt, so dass man ein abstraktes Modell der realen Welt erhält. In der Abb.1.1 ist ein solches System dargestellt.

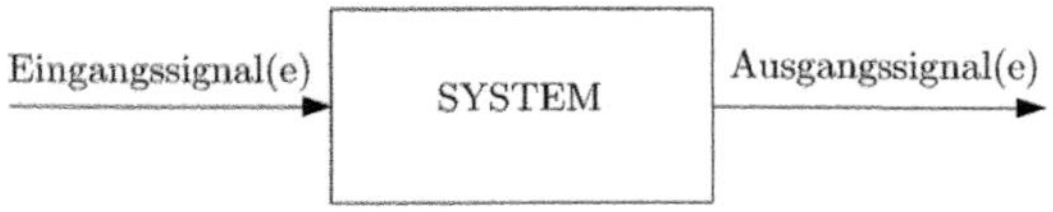

Abb. 1.1: System mit Eingangs- und Ausgangssignal(en).

Wir wollen zunächst klären, was man unter dem Begriff Signal versteht. Die Bezeichnung *Signal* kommt aus dem Lateinischen und bedeutet „dazu bestimmt, ein Zeichen zu geben"[1]. Ein Signal ist eine Funktion, die Informationen repräsentiert und transportiert. Ein Beispiel hierfür ist das Sprachsignal. Signale stellen im mathematischen Sinne Zeitfunktionen $x(t)$ dar und können anhand ihrer Eigenschaften klassifiziert werden. Eine Übersicht der wichtigsten Signal-Eigenschaften ist in der Abb.1.2 dargestellt. Der Kreis in der Abb.1.2 ist so zu interpretieren, dass ein Signal immer mehrere Merkmale aufweist. Das in der Abb.1.3 dargestellte Signal besitzt die Merkmale zeitkontinuierlich[2] , nichtperiodisch, kausal[3] , stochastisch (zufällig), wertkontinuierlich[4] und analog.[5]

Das Signal in der Abb.1.4 unterscheidet sich vom Signal in der Abb.1.3 lediglich in einem Merkmal, es ist nicht stochastisch, sondern deterministisch[6]. Darüber hinaus kann **jede Funktion** $x(t)$ in ihren *geraden* und *ungeraden* Anteil aufgespalten werden. Eine Funktion $x(t)$ ist *gerade*, wenn ihr Bild symmetrisch zur x-Achse ist.[7]

[1] *http://de.wikipedia.org/wiki/Signal*
[2] Die Zeitvariable t ist innerhalb eines definierten Zeitintervalles beliebig wählbar. Das Signal hat die Funktion $x(t)$.
[3] Kausale Signale nehmen für $t > 0$ einen Wert verschiedenen von Null an. Für $t < 0$ haben diese Signale den Wert Null.
[4] Der Funktionswert eines Signals kann innerhalb eines definierten Wertebereiches jede beliebige reelle Zahl sein.
[5] Ein Signal ist analog, wenn es zeitkontinuierlich und wertkontinuierlich ist.
[6] Diese Signal hat einen eindeutig festgelegten Verlauf.
[7] Beispiele sind die Kosinus-, Parabel-und Rechteckfunktion.

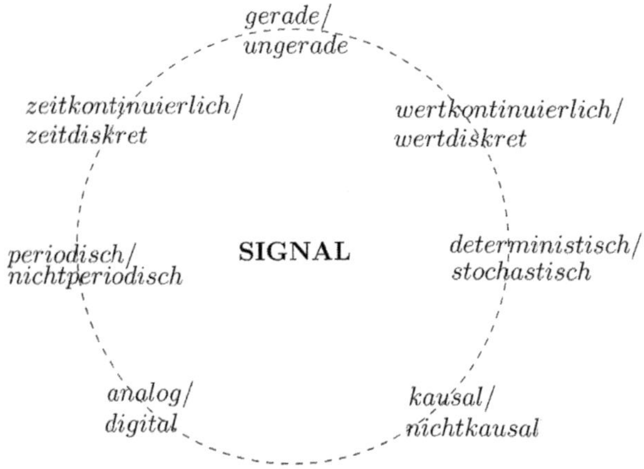

Abb. 1.2: Ausgewählte Signal-Eigenschaften.

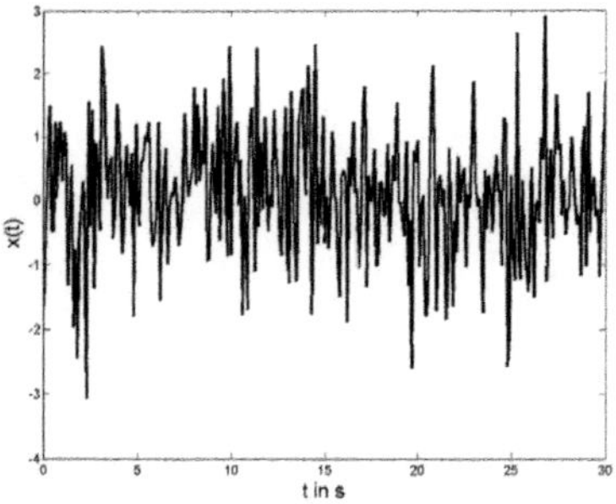

Abb. 1.3: Analoges, nichtperiodisches, kausales und stochastisches Signal.

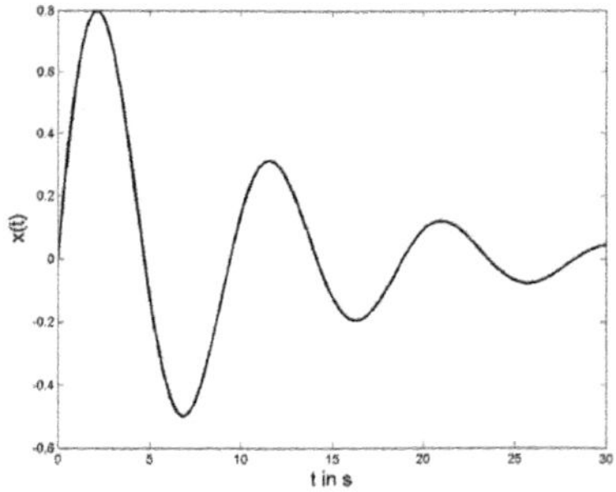

Abb. 1.4: Analoges, nichtperiodisches, kausales und deterministisches Signal.

Eine Funktion ist *ungerade*[8] , wenn ihr Bild punktsymmetrisch zum Koordinaten-Ursprung ist.

$$x_{gerade}(t) = x_{gerade}(-t) \tag{1.1}$$

$$x_{ungerade}(t) = -x_{ungerade}(-t) \tag{1.2}$$

[8]Beispiele sind die Sinus-, Tangens-und Sägezahnfunktion.

Darüber hinaus lässt sich jede Zeitfunktion (Signal) in seinen ungeraden und geraden Anteil zerlegen.

$$x(t) = \underbrace{\frac{x(t)}{2} + \frac{x(-t)}{2}}_{gerade} + \underbrace{\frac{x(t)}{2} - \frac{x(-t)}{2}}_{ungerade} \tag{1.3}$$

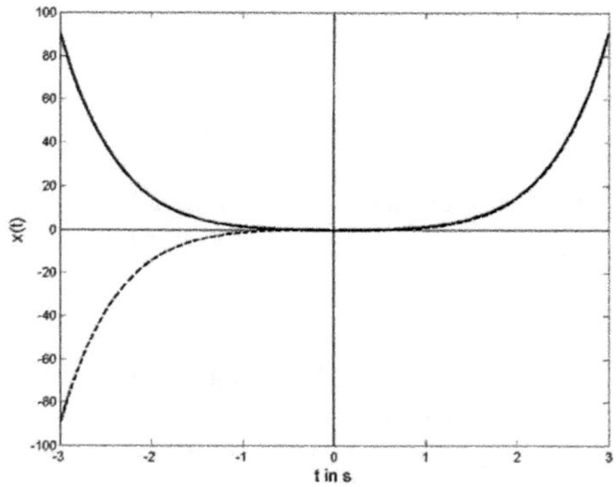

Abb. 1.5: Gerader und ungerader (gestrichelt) Anteil der Zeitfunktion $x(t) = t^2 e^t$.

Beispiel 1.1

Zerlegen Sie die Zeitfunktion $x(t) = t^2 e^t$ in den geraden und ungeraden Anteil und stellen Sie beide Anteile grafisch dar!

Lösung

$$\begin{aligned} x(t) &= \underbrace{\frac{x(t)}{2} + \frac{x(-t)}{2}}_{gerade} + \underbrace{\frac{x(t)}{2} - \frac{x(-t)}{2}}_{ungerade} \\ &= \frac{t^2 e^t}{2} + \frac{(-t)^2 e^{-t}}{2} + \frac{t^2 e^t}{2} - \frac{(-t)^2 e^{-t}}{2} \end{aligned} \tag{1.4}$$

In der Abb.1.5 ist der gerade und ungerade Anteil der Funktion $x(t)$ dargestellt.

In der Praxis erfolgen Messungen mittels Sensoren (Messgrößenaufnehmer). Beispiele hierfür sind Beschleunigungs-, Helligkeits-, Temperatur-, Feuchte- und Drucksensoren. Diese Sensoren arbeiten nach einem der Aufgabe angepassten Messprinzip und generieren in der Regel ein elektrisches (analoges) Signal (z. B. 4 – 20mA). Dieses analoge Signal wird mithilfe technischer Verfahren (z. B. Wägeverfahren, Integrationsverfahren, etc. [WB05]) in ein digitales Signal gewandelt.

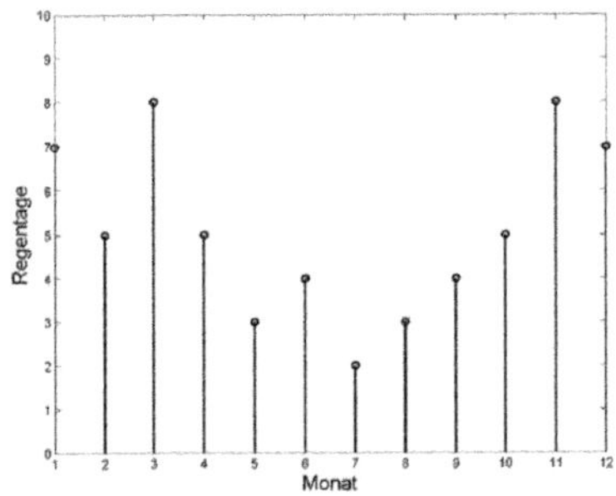

Abb. 1.6: Digitales, nichtperiodisches und kausales Signal.

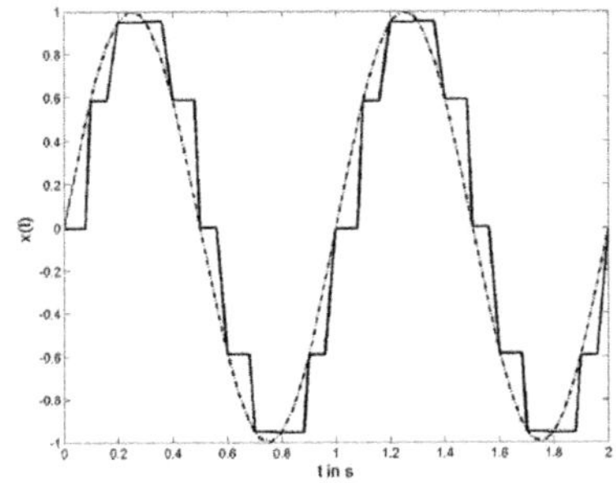

Abb. 1.7: Zeitkontinuierliches Signal (gestrichelt) und abgetastetes Signal.

Digitale Signale sind dadurch charakterisiert, dass sie die Merkmale zeitdiskret[9] und wertdiskret[10] aufweisen. Das Signal in der Abb.1.6 ist digital, nichtperiodisch, zufällig und kausal. Um analoge in zeitdiskrete Signale zu wandeln, sind analoge Signale zu festen Zeitpunkten abzutasten. Für diesen Vorgang verwendet man in der Regel ein *Sample-and Hold-Glied 0. Ordnung*[11] . Das Ergebnis der Abtastung ist ein zeitdiskretes und wertkontinuierliches *Treppen-Signal* (s. Abb.1.7). In der Praxis genügt es nicht nur Signale und deren Informationen zu betrachten, vielmehr sollen Signalinformationen transportiert, gespeichert oder mit anderen Informationen verknüpft werden können. Des Weiteren möchte man wissen, was (äußere) Signale in Systemen bewirken. Wir wollen nun versuchen, die Begriffe Signal und System zu verknüpfen. Wir nehmen an, dass das Klima der Erde als System aufgefasst werden kann. Der CO_2- Gehalt der Atmosphäre ist die Eingangsgröße und die global gemessene Temperatur ist die Ausgangsgröße des Systems „Klima“. Wissenschaftliche Untersuchungen haben festgestellt, dass ein signifikanter Anstieg des Kohlendioxid-Gehaltes der Atmosphäre, zu einer Erhöhung der globalen Temperatur auf der Erde führt. Wir erhalten so einen Zusammenhang zwischen der Ausgangsgröße „Temperatur“ $y(t)$ und der Eingangsgröße „Kohlendioxid-Gehalt“ $u(t)$. Dieses stark abstrahierte Modell vom „Klima“ führt uns unmittelbar auf einen mathematischen Zusammenhang oder genauer auf eine allgemeine Funktionsgleichung für das System „Klima“.

$$y = \tau\{u(t)\} \tag{1.5}$$

In dieser Anordnung findet die Abbildung $\tau\{.\}$ eines Eingangssignals $u(t)$ in ein Ausgangssignal $y(t)$ statt. Dies bedeutet, dass bei einem System eine *Signalübertragung* erfolgt. Wir sprechen dann auch von Systemen bzw. Prozessen als **Signalübertragungssystem**. Für den Operator $\tau(.)$ werden zur Beschreibung der Signalübertragung mathematische Modelle gebildet.

[9] Dieses Signal entsteht durch Abtastung eines zeitkontinuierlichen Signals zu festen Zeitpunkten t_i. Das Signal hat die mathematische Funktion $x[n]$.

[10] Dieses Signal kann nur abzählbare Werte innerhalb eines Wertbereiches annehmen. Darüber hinaus gibt es binäre Signale, die ausschließlich die Werte 0 und 1 annehmen.

[11] Das Sample-and-Hold-Glied (Abtasthalteglied) hat die Aufgabe veränderliche analoge Signale (Spannungen) abzutasten und den Momentanwert konstant zu halten. Sample-and-Hold-Glieder 0. Ordnung liefern immer nur den Momentanwert.

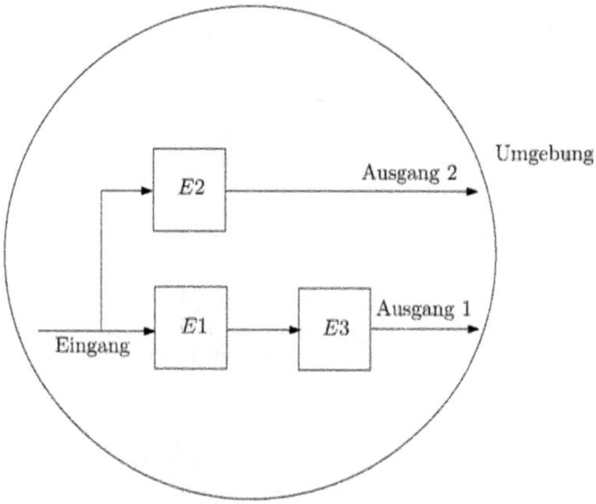

Abb. 1.8: Systembegriff.

Ein System besteht aus einer Menge von *Elementen* (s. Abb.1.8), die durch gegenseitige Kopplungen miteinander verbunden sind, und durch Abgrenzung können Ein- und Ausgangsgrößen von bzw. zur Umwelt auftreten [Kor97]. Systeme lassen sich - analog den Signalen - hinsichtlich ihrer Eigenschaften unterscheiden. In der Tab. 1.1 findet man eine Auswahl elementarer System-Eigenschaften. Lineare, zeitinvariante, kausale und zeitkontinuierliche Eingrößensysteme bilden einen zentralen Kern der *Systemtheorie*. Dieses Buch hat den Charakter einer Einführung in die Problematik Systemtheorie. Aus diesem Grund, bleibt die Autorin auf die Beschreibung dieser Systeme beschränkt. Die Forderung nach **Linearität** eines Systems besitzt somit eine fundamentale Bedeutung und soll einer detaillierten Untersuchung unterzogen werden.

Tab. 1.1: Eine Auswahl von Systemeigenschaften.

linear	nichtlinear
zeitinvariant	zeitvariant
zeitkontinuierlich	zeitdiskret
stabil	instabil
eindimensional	mehrdimensional
kausal	nichtkausal

Definition 1.1

Ein System besitzt die lineare Eigenschaft, wenn dieses das *Superpositionsprinzip* erfüllt [Kor97].

$$y_1(t) = \tau(u_1(t)) \tag{1.6}$$

$$y_2(t) = \tau(u_2(t)) \tag{1.7}$$

$$\tau(k_1 u_1(t) + k_2 u_2(t)) = k_1 \tau(u_1(t)) + k_2 \tau(u_2(t)) = k_1 y_1(t) + k_2 y_2(t) \tag{1.8}$$

An zwei akademischen Beispielen wollen wir das Superpositionsprinzip anwenden.

Beispiel 1.2
Sind die gegebenen Systeme linear?

$$a)\quad y(t) = 0.5u(t)$$
$$b)\quad y(t) = 2u^2(t)$$

Lösung a)
Die Anwendung der Gleichungen (1.6/1.7) ergibt

$$y_1(t) = 0.5u_1(t) \qquad und \qquad y_2(t) = 0.5u_2(t)$$

Zur Prüfung auf Linearität, wird das Superpositionsprinzip (1.8) verwendet:

$$0.5(k_1u_1(t) + k_2u_2(t)) = 0.5k_1u_1(t) + 0.5k_2u_2(t) =$$
$$k_1y_1(t) + k_2y_2(t) = 0.5k_1u_1(t) + 0.5k_2u_2(t) \quad \curvearrowright \quad linear$$

Lösung b)
Die Anwendung der Gleichungen (1.6/1.7) ergibt

$$y_1(t) = 2u_1^2(t) \quad und \quad y_2(t) = 2u_2^2(t)$$

Zur Prüfung auf Linearität, wird das Superpositionsprinzip (1.8) verwendet

$$2(k_1u_1(t) + k_2u_2(t))^2 = 2k_1^2u_1^2(t) + 4k_1k_2u_1(t)u_2(t) + 2k_2^2u_2^2(t) \neq$$
$$k_1y_1(t) + k_2y_2(t) = 2k_1u_1^2(t) + 2k_2u_2^2(t) \quad \curvearrowright \quad nichtlinear!$$

Eine zweite wichtige Eigenschaft, die wir hier an die Systeme stellen, ist die der **Zeitinvarianz**.

Definition 1.2
Systeme, die auf ein verzögertes Eingangssignal mit einem entsprechend verzögerten Ausgangssignal reagieren, heißen zeitinvariante Systeme [GRS07].

$$u(t) \rightarrow y(t) \tag{1.9}$$
$$u(t-T) \rightarrow y(t-T) \tag{1.10}$$

Beispiel 1.3
Sind die gegeben Systeme zeitinvariant ($t = 2\ s$)?

$$a)\quad y(t) = 0.5u(t)$$
$$b)\quad y(t) = u(t)sin(\omega t)$$

Lösung a)

$$0.5u(t-2) = y(t-2) \rightarrow zeitinvariant$$

Lösung b)

$$\begin{aligned} y(t) &= \tau\{u(t)\} = 2u(t)sin(\omega t) \\ \tau\{u(t-2)\} &= 2u(t-2)sin(\omega t) \neq y(t-2) = 2u(t-2)sin(\omega(t-2)) \\ &\rightarrow zeitvariant! \end{aligned}$$

In diesem Buch beschränken wir die Untersuchungen - wie bereits erörtert - auf Systeme, die lineare und zeitinvariante Eigenschaft besitzen. Da sich in der Wissenschaft seit den 1930er Jahren das *Englisch* als Wissenschaftssprache durchgesetzt hat, nennt man solche Systeme auch **linear time invariant systems**, kurz **LTI-Systeme**. Wir setzen des Weiteren voraus, dass diese LTI-Systeme den *Kausalitätsbedingungen* genügen. Was ist aber ein kausales System? Man spricht dann von einem kausalem LTI-System, wenn ein Eingangssignal $u(t)$, welches ab dem Zeitpunkt $t = 0$ von Null verschieden ist, ein Ausgangssignal $y(t)$ generiert, welches sich gleichfalls erst ab den Zeitpunkt $t = 0$ von Null unterscheidet.

$$u(t) = 0 \quad für \quad t < 0 \qquad \rightarrow \qquad y(t) = 0 \quad für \quad t < 0 \tag{1.11}$$

1.1 Komplexe Exponentialfunktion

Warum wenden wir uns dem Thema **komplexe Exponentialfunktion** zu? Einerseits „spielt" die komplexe Exponentialfunktion e^{st} bei der Anwendung sogenannter Integraltransformationen (s. Kapitel 3 und 4) eine besondere Rolle und andererseits hat die Exponentialfunktion die Eigenschaft, das diese sich als *trigometrische Funktion* darstellen lässt. Wir wollen deshalb dieser Funktion etwas mehr Aufmerksamkeit schenken. Ausgangspunkt ist die allgemeine Exponentialfunktion [Kor97]

$$u(t) = Ae^{st} \tag{1.12}$$

$$A = A' + jA'' \quad komplexe\ Amplitude \tag{1.13}$$

$$s = \delta + j\omega \quad komplexe\ Frequenz \tag{1.14}$$

In (1.14) ist ω die **Kreisfrequenz** mit der Einheit $[rad/s]$.

$$\omega = 2\pi f = \frac{2\pi}{T} \tag{1.15}$$

In der Gl. (1.15) stellt T die Periodendauer dar. In der Abb.1.9 ist eine „klassische" Exponentialfunktion mit reellen Exponenten $e^{\pm at}$ und zum Vergleich eine (komplexe) Exponentialfunktion mit komplexen Exponenten $e^{(\pm\delta\pm j)t}$ dargestellt. Es wird im Folgenden angenommen, dass die *komplexe Amplitude* (s. Gl.(1.13)) nur **reelle Zahlen** annehmen kann, d. h. $A = A'$. Für die allgemeine Exponentialfunktion gilt somit

$$u(t) = A'e^{(\delta+j\omega)t} = A'e^{\delta t}e^{j\omega t}. \tag{1.16}$$

Für den komplexen Term $e^{\pm j\omega t}$ wenden wir die *Euler-Beziehungen* [Kor97, LW07] an.

$$e^{j\omega t} = cos\ \omega t + j\ sin\ \omega t \tag{1.17}$$

$$e^{-j\omega t} = cos\ \omega t - j\ sin\ \omega t \tag{1.18}$$

Die Gleichung (1.17) wird in (1.16) eingesetzt, so dass man erhält

$$u(t) = \underbrace{A'e^{\delta t} cos\ \omega t}_{\Re\{x(t)\}} + j\ \underbrace{A'e^{\delta t} sin\ \omega t}_{\Im\{x(t)\}}. \tag{1.19}$$

Die Gleichung (1.19) stellt somit ein Äquivalent der Gl.(1.16) dar. Für $\delta = 0 \curvearrowright e^0 = 1$ ergibt sich für den Real- bzw. Imaginärteil: $\Re\{x(t)\} = A'cos\ \omega t$ und $\Im\{x(t)\} = A'sin\ \omega t$.

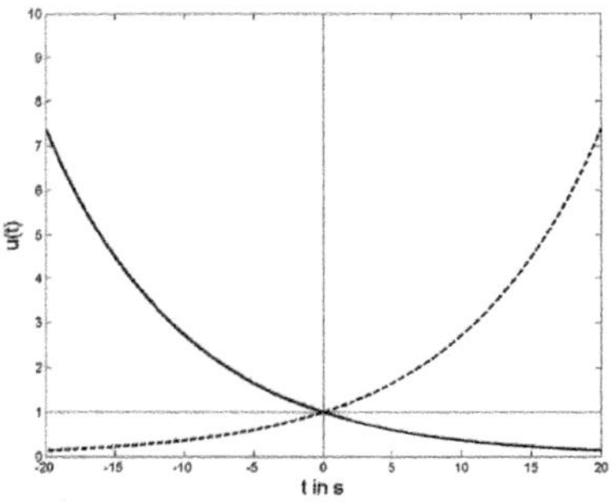

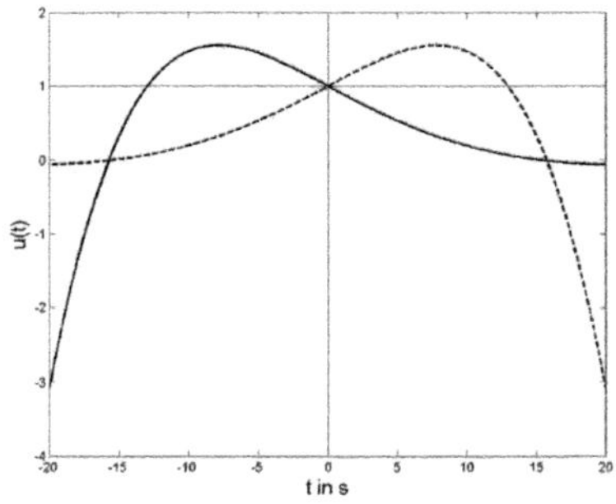

Abb. 1.9: links: Exponentialfunktion mit reellen Exponenten: $u(t) = e^{+0.1t}$ (gestrichelt) und $u(t) = e^{-0.1t}$. rechts: Exponentialfunktion mit komplexen Exponenten: $u(t) = e^{(+0.1+0.1j)t}$ (gestrichelt) und $u(t) = e^{(-0.1-0.1j)t}$.

Darüber hinaus ist zu betonen, dass die Verwendung der *Euler-Beziehungen* - d. h. die Addition bzw. Subtraktion der Gleichungen (1.17/1.18) - unmittelbar auf explizite Gleichungen für die Kosinus- und Sinusfunktion führen.

$$cos\ \omega t = \frac{1}{2}\left(e^{j\omega t} + e^{-j\omega t}\right) \tag{1.20}$$

$$sin\ \omega t = \frac{1}{2j}\left(e^{j\omega t} - e^{-j\omega t}\right) \tag{1.21}$$

Beispiel 1.4
Stellen Sie die gegebene komplexe Exponentialfunktion grafisch dar!
Hinweis: Verwenden Sie das Software-tool *Matlab* [Mat09]!

$$u(t) = e^{-(0.1-\frac{2}{3}j)t}$$

Lösung a)
Für die komplexe Exponentialfunktion erhält man unter Verwendung der Euler-Beziehung (1.17)

$$u(t) \quad = \quad e^{-(0.1-\frac{2}{3}j)t} = e^{-0.1}e^{-\frac{2}{3}jt} = e^{-0.1}\left(cos(2/3t) + j\ sin(2/3t)\right)$$

Die grafische Darstellung der Funktion ist in der Abb.1.10 dargestellt.

Matlab-file *test.m*

```
t=0:0.1:30;                                    % Zeitvektor
x = exp(-0.1*t).*(cos(2/3*t)+j*sin(2/3*t)); % Exponentialfunktion
huell = exp(-0.1*t);                           % Hüllkurve
t=0:0.1:30;
x = exp(-0.1*t).*(cos(2/3*t)+j*sin(2/3*t));
huell = exp(-0.1*t);

figure(1)
plot(t,x,'k', 'Linewidth', 2); hold on;
```

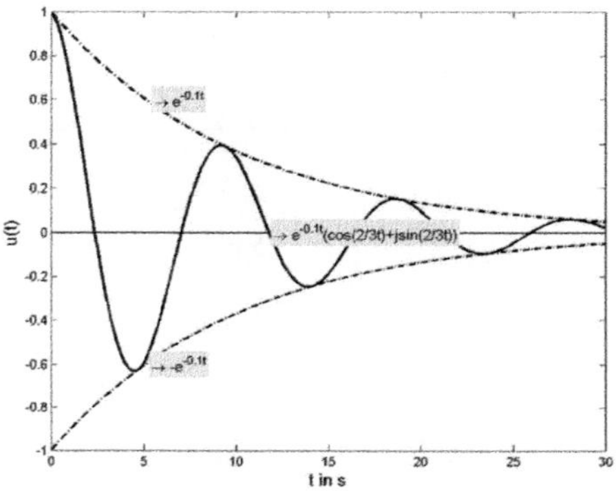

Abb. 1.10: Komplexe Exponentialfunktion $u(t) = e^{-0.1t}(cos(2/3t) + j\,sin(2/3t))$.

```
plot(t,huell, 'k-.','Linewidth', 2); hold on;
plot(t,-huell,'k-.', 'Linewidth', 2); hold on;
plot([0 30],[0 0],'k', 'Linewidth', 1); hold on;
text(2.2*pi,0.6,...
['\rightarrow', ' e^{-0.1t}'],...
     'HorizontalAlignment','center', 'BackgroundColor',[.9 .9 .9],'Fontsize', 12);
text(2.2*pi,-0.6,...
['\rightarrow', ' -e^{-0.1t}'],...
     'HorizontalAlignment','center', 'BackgroundColor',[.9 .9 .9],'Fontsize', 12);
text(17,0.0,...
['\rightarrow', ' e^{-0.1t}(cos(2/3t)+jsin(2/3t))'],...
     'HorizontalAlignment','center', 'BackgroundColor',[.9 .9 .9],'Fontsize', 12);
ylabel('u(t)', 'Fontsize', 14); xlabel('t in s', 'Fontsize', 14);
print -djpeg bsp_exp01.jpg
```

1.2 Sprungfunktion

Die *Sprungfunktion* - in der englischsprachigen Literatur als *Heaviside function* bezeichnet (Oliver Heaviside, ∗1850;†1925) - hat vor allem in der Regelungstheorie eine besondere Bedeutung. Die Sprungfunktion gehört zur Klasse der Zeitfunktionen, den Elementarsignalen[12] . In der Regelungstheorie wird die Sprungfunktion einerseits als Testsignal zur Identifikation von Systemen und andererseits als *Sollgröße* (z. B. $w(t) = \sigma(t)$) in Regelungen verwendet. Die Antwort eines LTI- Systems auf eine **Einheitssprungfunktion** $u(t) = 1\sigma(t)$ (s. Abb.1.11) bezeichnet man als **Übergangsfunktion** $h(t)$. Die Sprungfunktion stellt aus technischer Sicht einen Schaltvorgang dar.

[12] Weitere Elementarsignale sind beispielsweise die Rampen- und Rechteckfunktionen.

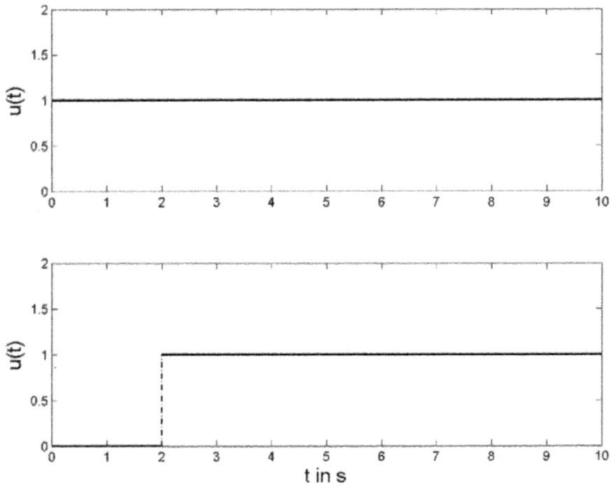

Abb. 1.11: Die Sprungfunktion ist für $t = 0$ (Unstetigkeit) nicht definiert. Bei einem Sprung auf den Wert 1 spricht man von einer **Einheitssprungfunktion** (s. oben). Ein um $T = 2s$ verzögerter Einschaltvorgang (s. unten).

Ein Beispiel hierfür ist das Schalten einer konstanten Spannung von 0 V auf 1 V (s. Abb.1.11). Für den Einschaltvorgang gilt

$$u(t) = \sigma(t) = \begin{cases} 0 & t < 0 \\ 1 & t > 0. \end{cases} \tag{1.22}$$

Für einen um T verzögerter Einschaltvorgang gilt

$$u(t) = \sigma(t - T) = \begin{cases} 0 & t < T \\ 1 & t > T \end{cases} \quad f\ddot{u}rT > 0.$$

Die Sprungfunktion $\sigma(t)$ wird auch zur mathematischen Beschreibung zeitkontinuierlicher Signalverläufe verwendet. In der Abb.1.12 ist ein kausales Signal dargestellt, welches bei $t = 2s$ auf den Funktionswert 1 springt und bei $t = 5s$ wieder auf Null. Die mathematische Beschreibung für dieses Signal mithilfe der Sprungfunktion ergibt

$$x(t) \quad = \quad 1\sigma(t-2) - 1\sigma(t-5) = 1\left[\sigma(t-2) - \sigma(t-5)\right]. \tag{1.23}$$

Für das Zeitintervall $2 \leq t \leq 5$ ist das Signal $x(t)$ aktiv und dann wieder Null. In der Abb.1.13 ist ein nicht kausales Signal dargestellt, welches für zwei Zeitintervalle definiert ist. Die mathematische Beschreibung für dieses Signal mithilfe der Sprungfunktion ergibt

$$x(t) \quad = \quad 1[\sigma(t+6) - \sigma(t+2)] - 1\left[\sigma(t-2) - \sigma(t-5)\right]. \tag{1.24}$$

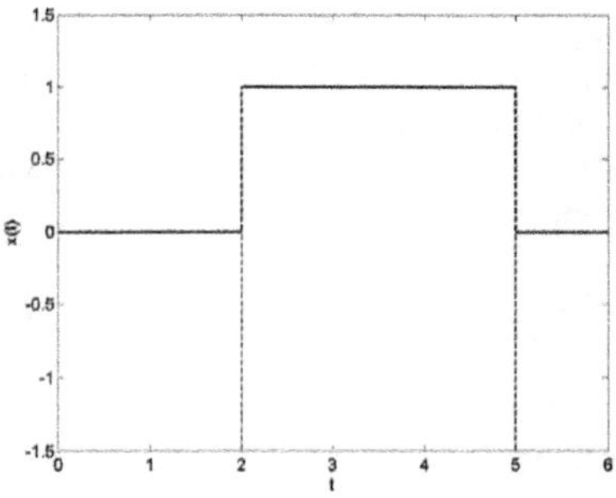

Abb. 1.12: Signal $x(t)$.

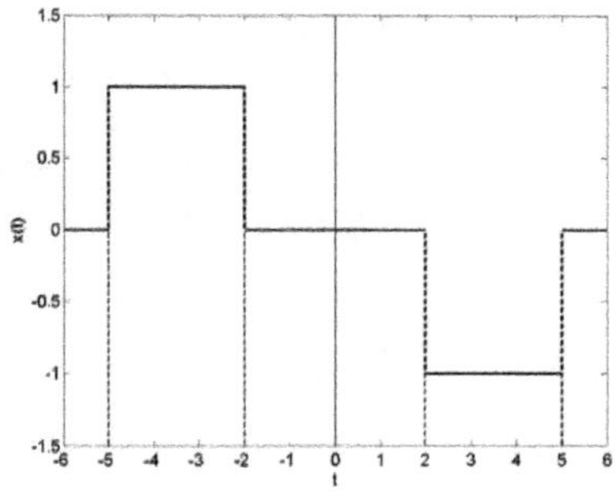

Abb. 1.13: Signal $x(t)$.

Selbstverständlich ist es auch möglich, aus einer gegebenen Zeitfunktion $x(t)$ deren Signalverlauf zu ermitteln. Das folgende Beispiel soll diesen Sachverhalt verdeutlichen.

Beispiel 1.5
Stellen Sie das Signal

$$x(t) \quad = \quad 2[\sigma(t+3)-\sigma(t+1)]+1[\sigma(t+1)-\sigma(t-1)]+2[\sigma(t-1)-\sigma(t-3)]$$

grafisch dar!
Lösung
Durch Auflösen der Klammern erhält man für das Signal

$$x(t) \quad = \quad 2\sigma(t+3)-1\sigma(t+1)+1\sigma(t-1)-2\sigma(t-3). \tag{1.25}$$

Um das Signal richtig darzustellen fängt man „links", d. h. bei $t=-3s$ an. Bei $t=-3s$ springt das Signal auf den Funktionswert 2. Der Funktionswert 2 bleibt bis zum Zeitpunkt $t=-1s$ konstant. Bei $t=-1s$ springt der Funktionswert auf 1, bleibt bis $t=1s$ konstant, springt bei $t=1s$ auf den neuen Funktionswert 2 und bei $t=3s$ ist der Funktionswert wieder Null. In der Abb.1.14 ist der Signalverlauf für $x(t)$ dargestellt.

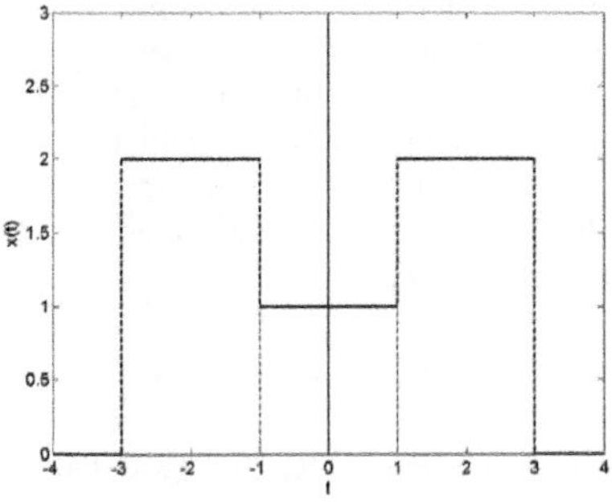

Abb. 1.14: Signalverlauf des Signals $x(t)$.

Die Sprungfunktion kann auch für die Beschreibung beliebiger Signalverläufe verwendet werden. An einem Beispiel soll dies kurz skizziert werden: In der Abb.1.15 ist eine Rampenfunktion $x(t)$ dargestellt. Zum Zeitpunkt $t = 0$ wird das Signal $x(t)$ aktiviert. Das Signal ist zwischen den Zeitpunkten $t = 0$ - entspricht $\sigma(t)$) - und $t = +2$ - entspricht $\sigma(t-2)$ - eine Rampe mit dem Anstieg t und ab diesem Zeitpunkt eine Konstante mit dem Wert $x(t) = 2$. Die mathematische Beschreibung dieses Signals unter Verwendung der Sprungfunktion $\sigma(t)$ ergibt die Zeitfunktion

$$x(t) = t[\sigma(t) - \sigma(t-2)] + 2\sigma(t-2). \tag{1.26}$$

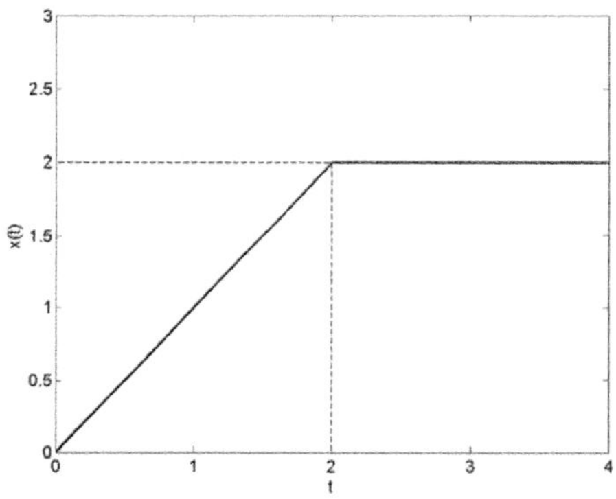

Abb. 1.15: Signal $x(t)$.

1.3 Deltafunktion

Die Deltafunktion (Dirac-Impuls, Dirac-Stoß) ist eine der wichtigsten Signale in der Theorie der LTI-Systeme. Diese Funktion stellt die Abstraktion eines sehr schmalen, intensiven Impulses dar, dessen Impulsbreite gegen Null konvergiert und dessen Impulshöhe umgekehrt proportional mit der Impulsbreite ε wächst [Kor97]. Die Delta-Funktion (δ-Funktion) ist im strengen mathematischen Sinne keine Funktion, sondern eine Distribution, eine verallgemeinerte Funktion. Die Impulszeitfläche ist **immer eins** (s. Abb.1.16. In der Regelungstheorie findet die Deltafunktion Anwendung als Testsignal. Die Antwort eines LTI- Systems auf eine **Deltafunktion** $u(t) = \delta(t)$ bezeichnet man als *Gewichtsfunktion* $g(t)$.

$$\int_{-\infty}^{\infty} \delta(t)dt = 1 \tag{1.27}$$

Es sollte an dieser Stelle darauf hingewiesen werden, dass sich ein Dirac-Impuls in der Praxis nicht immer anwenden lässt.

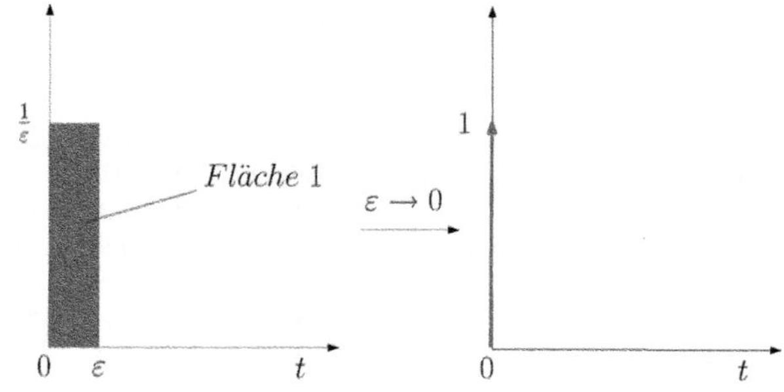

Abb. 1.16: Impulszeitfläche entspricht immer dem Wert 1 (links). Konvergiert die Impulsbreite gegen Null, entsteht ein Impuls (rechts).

Die Deltafunktion $\delta(t)$ stellt keine Funktion im üblichen Sinne dar. Der Versuch, $\delta(t)$ über eine Vorschrift zu definieren, die jedem Zeitpunkt t einen Wert δ zuweist, führt auf eine Funktion, die für $t \neq 0$ den Wert Null annimmt und bei $t = 0$ über alle Grenzen wächst [GRS07]. Die Deltafunktion stellt eine *verallgemeinerte Funktion* oder *Distribution* dar [Kor97, GRS07]. Die Deltafunktion $\delta(t)$, ist ausschließlich durch ihre „Wirkung" im Integranden eines Integrals zu definieren.

$$\int_{-\infty}^{\infty} x(t)\delta(t)dt = x(0) \tag{1.28}$$

Man kann dies so interpretieren, als ob die in $t = 0$ auftretende Deltafunktion $\delta(t)$ den Wert von $x(t)$ „ausblendet" bzw. „abtastet" und so dem Integral den Wert (0) zuordnet (s. Abb.1.17, links). Was passiert, wenn der Delta-Impuls nicht zum Zeitpunkt $t = 0$, sondern zum Zeitpunkt T mit einem „Gewicht" von A auftritt? Wie in der Abb.1.17, rechts) dargestellt, tritt die Wirkung des Delta-Impulses - hier mit dem „Gewicht" A - erst zum Zeitpunkt T ein.

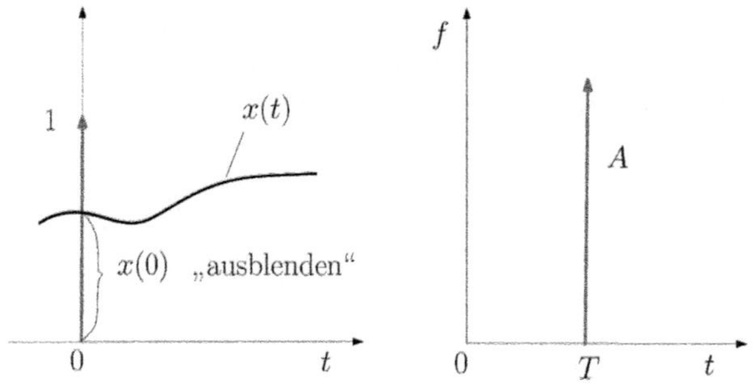

Abb. 1.17: Ausblendeigenschaft des Dirac-Impulses (links). Verschiebung des Dirac-Impulses (rechts).

1.4 Zusammenhang zwischen Sprung-und Deltafunktion

Wir wollen nun eine Brücke „bauen“, die es uns erlaubt, mithilfe einer mathematischen Beziehung zwischen Sprung- und Deltafunktion „hin und her“ zu wechseln. Zunächst ist die Frage nach der Differenzierbarkeit einer Sprungfunktion zu klären. Wir können erkennen, dass die Sprungfunktion an der Stelle T (s. Abb.1.18, oben) eine Unstetigkeitsstelle aufweist und somit im klassischen[13] Sinne an dieser Stelle nicht differenzierbar ist. Für Werte $t \neq T$ ergibt die

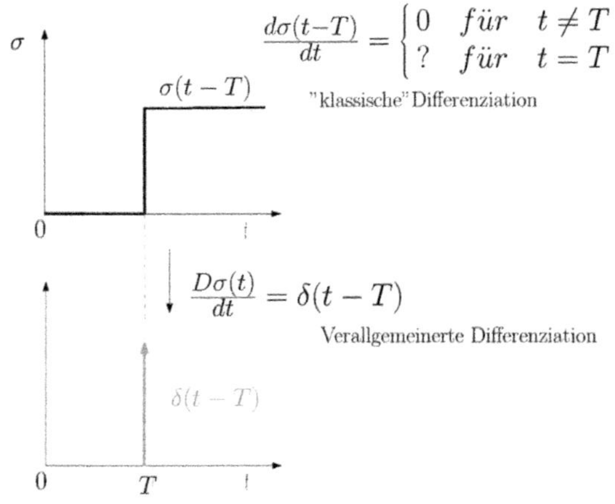

Abb. 1.18: Verallgemeinerte Differentiation am Beispiel der Sprungfunktion $\sigma(t)$ [Kor97].

Anwendung der klassischen Differenzierung den Wert Null: $\frac{d\sigma(t-T)}{dt} = 0$. Die Einführung einer verallgemeinerten Differentiation ermöglicht die Ableitung für Zeitfunktionen mit Sprungunstetigkeiten (s. Abb.1.18, unten). Es ist verständlich, liebe Leser, dass Ihnen die *verallgemeinerte Differenziation* doch etwas zu suspekt erscheinen mag. Aus diesem Grund, abstrahieren wir und gehen von der *Differenzierbarkeit* der Sprungfunktion für $t > 0$ aus. Der Zusammenhang zwischen Sprung-und Deltafunktion ist wie folgt definiert:

$$\frac{d\sigma(t)}{dt} = \delta(t) \qquad (1.29)$$

$$\sigma(t) = \int_0^t \delta\tau d\tau. \qquad (1.30)$$

[13]Aus geometrischer Sicht, bedeutet die Ableitung den Anstieg einer Funktion $tan\ \alpha$. An der Unstetigkeitsstelle T gilt für den Anstieg $tan\ 90^o \rightarrow \infty$.

1.5 Aufgaben

Aufgabe 1.1

Ordnen Sie den folgenden Systembeschreibungen die Eigenschaften lineare/nichtlineare bzw. zeitinvariante/zeitvariante Systeme zu?

$$\begin{array}{ll} a) & \dot{y}(t)+2y(t)=u^2(t) \\ b) & \dot{y}(t)+3ty(t)=u(t)cos^2(t) \\ c) & y(t)=2u(t) \\ d) & y(t)=3u^2(t) \\ e) & \dot{y}(t)+y(t)=2tu^2(t) \end{array}$$

Aufgabe 1.2

Skizzieren Sie die Signalverläufe!

$$\begin{array}{lll} a)\ x(t) & = & -2\sigma(t+1)+3\sigma(t)-\sigma(t-2) \\ b)\ x(t) & = & 2\sigma(t+1)-\sigma(t)+2\sigma(t-1) \\ c)\ x(t) & = & \frac{2}{t+2}[\sigma(t)-\sigma(t-2)] \\ d)\ x(t) & = & 3t[\sigma(t+1)-\sigma(t-1)] \\ e)\ x(t) & = & e^{-2(t-1)}\sigma(t-1) \end{array}$$

Aufgabe 1.3

Zeigen Sie, dass unter Verwendung der Euler-Beziehungen, die Gleichung stimmt!

$$\frac{d}{dt}(4cos\ \omega t) = -\omega 4sin\ \omega t$$

Aufgabe 1.4

Geben Sie eine kompakte mathematische Beschreibung mit $\sigma(.)$-Funktionen (Sprungfunktionen) für die abschnittsweise definierten Signale an!

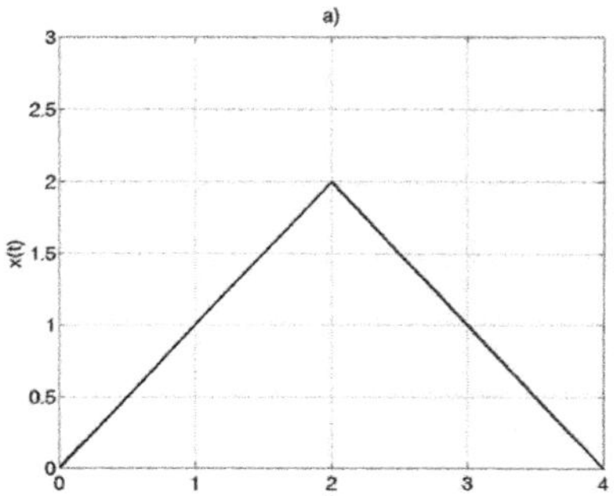

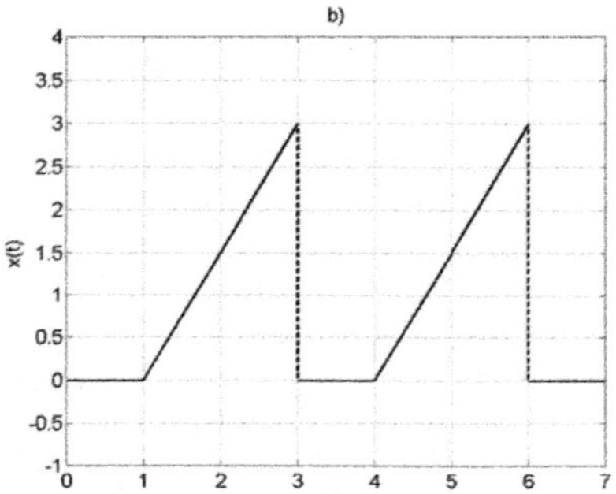

2 Zeitkontinuierliche Systeme

2.1 Lineare Differenzialgleichung und Zustandsraummodell

Bei der Festlegung des Systembegriffs hatten wir betont, dass das System die Funktion einer *Signalübertragung* erfüllt, d. h. es wird das Eingangssignal $u(t)$ via System in ein Ausgangssignal abgebildet: $y(t) = \tau\{u(t)\}$. Dieser funktionale Zusammenhang ist keine Funktion im elementaren Sinne, weil als unabhängige Variable ein Zeitfunktionsverlauf $u(t)$ auftritt [Kor97]. Um den Zusammenhang zwischen Ausgangs- und Eingangsgröße zu beschreiben, sind mathematische Funktionsgleichungen zu formulieren, in der die Ein-und Ausgangsgrößen implizit in Erscheinung treten. Wir betrachten im Folgenden zeitkontinuierliche Systeme, in denen Elemente wie Widerstände, Speicher und Trägheiten vorkommen. Systeme die ausschließlich aus Widerständen bestehen, sind dadurch charakterisiert, dass das Übertragungsverhalten statisch ist. Systeme mit Speicher und Trägheiten haben ein *dynamisches Übertragungsverhalten*. Widerstände und Speicherelemente sowie Trägheiten sind Begriffe die uns unweigerlich auf das Gebiet der Physik führen.

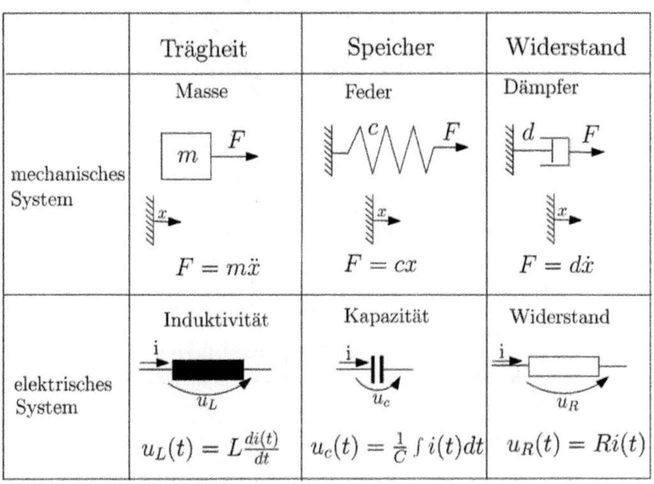

Abb. 2.1: Analogien zwischen den Bauteileigenschaften in mechanischen und elektrischen Systemen (in Anlehnung an [HGP03]).

In der Physik werden unter anderem die Grundlagen der Elektrotechnik und der Mechanik (intensiv) vermittelt. Aus der Elektrotechnik sind uns die passiven Elemente Widerstand R, Induktivität L und Kapazität C bekannt. Aus der Mechanik kennen wir die Elemente Masse m, die Feder c und den Dämpfer d. In der Abbildung 2.1 sind explizit die Elemente für elektrische und mechanische Systeme aufgeführt. Die Systeme der Elektrotechnik und der Mechanik weisen Analogien in ihren Eigenschaften auf. Als Beispiel kann hier die Feder und der Kondensator genannt werden. Beide haben die Funktion der Energiespeicherung. Aus Gründen einer besseren Verständlich-und Übersichtlichkeit, bleibt die Autorin auf technische Systeme beschränkt. Im Detail wird nachfolgend die Modellbildung anhand zweier elektrischer Netzwerke und eines mechanischen Systems dargestellt.[1] Im Folgenden werden nun Beispiele für technische Systeme untersucht.

2.1.1 Mathematische Modellbildung elektrischer Netzwerke

Beispiel 2.1
Für das in der Abb.2.2 dargestellte Netzwerk, ist das mathematische Modell zu entwickeln!

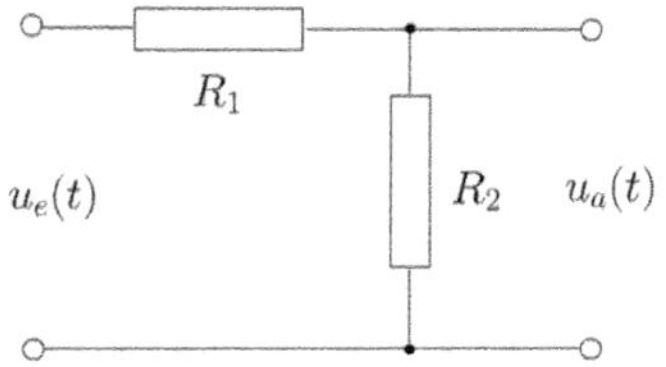

Abb. 2.2: System ohne Speicherelemente. Netzwerk mit zwei passiven Bauelementen (Widerstände) R_1 und R_2

Lösung
Die Widerstände R_1 und R_2 werden als konstant angenommen, somit hängt die Ausgangsspannung $u_a(t)$ im Zeitpunkt t nur vom Wert der Eingangsspannung $u_e(t)$. Dieser formale Zusammenhang lässt sich wie folgt beschreiben:

$$u_a = f(u_e(t)). \tag{2.1}$$

Um die Aufgabe lösen zu können, wenden wir die **Spannungsteilerregel** [Lun85, LW85] an. Diese besagt, dass das Verhältnis von Teilspannungsabfall zu Gesamtspannungsabfall gleich dem Verhältnis aus Widerstand unter dem Teilspannungsabfall zu Gesamtwiderstand ist.

$$\frac{u_{teil}}{u_{gesamt}} = \frac{R_{teil}}{R_{gesamt}} \tag{2.2}$$

Die Anwendung dieser Regel ergibt

$$\begin{aligned} \frac{u_a(t)}{u_e(t)} &= \frac{R_2}{R_1+R_2} \\ \curvearrowright \quad u_a(t) &= \frac{R_2}{R_1+R_2} u_e(t). \end{aligned} \tag{2.3}$$

[1] Eine ausführliche Darstellung mechanischer, rotatorischer, fluidischer und pneumatischer Systeme findet man in der einschlägigen Literatur [HGP03], [Isr99], [Rod03].

Merke: Bei konstanten Widerständen hängt der *Übertragungsfaktor* $k = \frac{R_2}{R_1+R_2}$ nicht von der Zeit ab! Wir sprechen dann von **statischen Systemen**. Für das mathematische Modell der Signalübertragung ergibt sich die lineare, implizite Gleichung

$$u_a(t) = ku_e(t). \tag{2.4}$$

Im Gegensatz zu statischen Systemen sind **dynamische Systeme** dadurch gekennzeichnet, dass der Wert des Ausgangssignals $y(t)$ zum Zeitpunkt t einerseits vom Eingangssignalverlauf $u(t)$ und andererseits von der „Vorgeschichte" - d. h. für $t < 0$ - abhängt. Diese „Vorgeschichte" stellt einen **Zustand** des Systems dar. Was ist aber nun ein Zustand? Zwei Definitionen sollen uns helfen, die Deutung des Begriffes Zustand besser zu verstehen.

Definition 2.1

Der Zustand eines Systems im Zeitpunkt $t = 0$ wird durch eine Menge von Daten über die Vorgeschichte des Systems $t < 0$ beschrieben, die ausreicht, bei bekanntem Eingangssignal $u(t)$ in $t \geq 0$ das Ausgangssignal $y(t)$ in $t \geq 0$ eindeutig zu bestimmen [Kor97].

Definition 2.2

Der Zustand eines Systems ist ein Vektor interner Systemvariablen, dessen zukünftige Werte vom aktuellen Wert abhängen und der den Einfluss der Vergangenheit auf das zukünftige Systemverhalten vollständig erfasst [GRS07].

Der Zustand eines Systems wird durch mehrere Größen beschrieben, die als Zustandsgrößen [Kor70, Kor97, Lun06, Föl08] bezeichnet und in einem Vektor zusammengefasst werden:

$$x(t) = \begin{pmatrix} x_1(t) \\ x_2(t) \\ \vdots \\ x_n(t) \end{pmatrix}.$$

Der Grund für das Vorhandensein einer „Vorgeschichte" sind sogenannte Speicher im System. Zum Beispiel gibt es Speicher - wie bereits oben erwähnt - für elektrische Ladungsenergie (Kapazität C) und Speicher für magnetische Energie (Induktivität L). Bei einem dynamischen System mit Speichern entspricht die Anzahl n der Zustandsgrößen der Anzahl *unbhängiger Speicher* im System. Die Einführung solcher Zustandsgrößen führt uns auf den Begriff des **Zustandsraumes**. Wir wollen im Folgenden dynamische Systeme mithilfe von Differenzialgleichungen beschreiben und für diese das Zustandsraummodell herleiten.

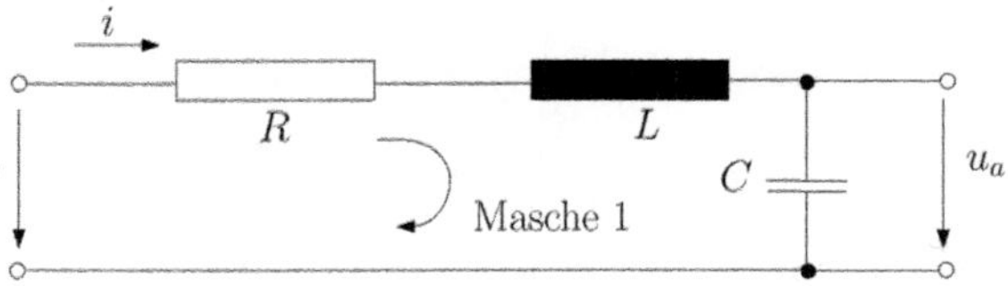

Abb. 2.3: System mit Speicherelemente. Netzwerk mit drei passiven Bauelementen (Widerstand R, Spule L, Kondensator C.

Beispiel 2.2

a) Geben Sie für das in der Abb.2.3 dargestellte RLC-Netzwerk die Differenzialgleichung zwischen der Eingangsgröße $u_e(t)$ und der Ausgangsgröße $u_a(t)$ an!

b) Lösen Sie die Differenzialgleichung! Anfangswerte: $u_c(0) = 0, \dot{u}_c(0) = 0$.

c) Entwickeln Sie das Zustandsraummodell!

Lösung a)

Zunächst führen wir eine Analyse des Netzwerkes durch. Dies bedingt, dass wir die **Kirchhoff'schen Regeln** [Lun85] anwenden müssen. Das Netzwerk ist dadurch gekennzeichnet (s. Abb.2.3), dass es aus zwei unabhängigen Speichern - d. h. einer Spule und einem Kondensator - besteht. Das Netzwerk hat zwei Zweige $z = 2$ und zwei Knoten $k = 2$. Für den Maschensatz, d. h. für das 2. Kirchhoff'sche Gesetz) gilt [Lun85]:

Alle Teilspannungen einer Masche in einem elektrischen Netzwerk addieren sich zu Null. In einem Umlauf einer Masche mit n Teilspannungen gilt

$$\sum_{i=1}^{n} u_i = 0. \tag{2.5}$$

Die Anzahl der Maschen eines Netzwerkes gibt an, wie viele **unabhängige Maschengleichungen** aufgestellt werden können. Wie bekommt man aber nun die Anzahl der Maschen heraus? Ganz einfach, mit der Gleichung

$$\begin{aligned} M &= z-(k-1) \qquad (2.6)\\ M &= 2-(2-1) \\ M &= 1. \end{aligned}$$

Wir dürfen folglich - wie die Abb.2.3 zeigt - eine Masche in das Netzwerk einzeichnen. Der Umlauf der Masche ist beliebig. Wir wählen hier den Uhrzeigersinn und folgen diesem und erhalten die Summe der Spannungsabfälle in der Masche

$$-u_e(t) + u_R(t) + u_L(t) + u_a(t). \tag{2.7}$$

Die Gleichung (2.7) wird nach der Eingangsgröße umgestellt.

$$u_e(t) = u_R(t) + u_L(t) + u_a(t) \tag{2.8}$$

Jetzt nutzen wir die Kenntnisse aus der Elektrotechnik. Für die Spannungen an Widerstand und Spule gelten $u = Ri$ bzw. $u_L = L\frac{di}{dt}$. Damit ergibt sich für die Gleichung (2.8)

$$u_e(t) = Ri(t) + L\frac{di(t)}{dt} + u_a(t). \tag{2.9}$$

Der Strom $i(t)$ fließt durch den Kondensator C, der diesen auflädt.

$$u_a(t) = \frac{1}{C}\int i(t)dt \quad \curvearrowright \quad i(t) = \dot{u}_a C \tag{2.10}$$

Wird die Gleichung für den Strom in die Gleichung (2.9) eingesetzt, erhält man

$$u_e(t) = RC\dot{u}_a(t) + LC\ddot{u}_a(t) + u_a(t). \tag{2.11}$$

Die Differenzialgleichung (2.11) beschreibt den Zusammenhang zwischen dem Ausgangssignal $u_a(t)$ und dem Eingangssignal $u_e(t)$ in impliziter Form.

Lösung b)
Wir wollen nun als Eigangssignal eine Spannung $u_e(t) = 1\ [V]\sigma(t)$ aufschalten. Für die Vorgeschichte am Kondensator wird angenommen, dass zum Zeitpunkt $t < t_0$ - also $t = -0$ - der Kondensator entladen ist. Für die *Anfangswerte* zum Zeitpunkt $t = 0$ gilt

$u_a(t_0) = 0\ [V]$ und
$\dot{u}_a(t_0) = 1\ [V/s]$.

Unter Verwendung der Anfangswerte kann die Differenzialgleichung (2.11) gelöst werden. Im Ergebnis erhält man eine Gleichung für die Ausgangsgröße $u_a(t)$. Ausgangspunkt ist die Differenzialgleichung

$$u_e(t) = RC\dot{u}_a(t) + LC\ddot{u}_a(t) + u_a(t). \tag{2.12}$$

gegeben: $R = 1K\Omega, C = 10^3\ \mu F, L = 100\ H$ Hinweis: $1H = 1\frac{Vs}{A}, 1F = 1\frac{As}{V}$

Aus der Mathematik wissen wir, dass es unterschiedlich Ansätze gibt, um eine lineare Differenzialgleichung lösen zu können. Wir wählen hier den in der Regel bekannten **Eulerschen Ansatz** [NCV+85, BS77]. Die Lösung einer Differenzialgleichung lässt sich in drei wesentliche Schritte einteilen:

I.) homogene Lösung der Differenzialgleichung,

II.) partikuläre Lösung der Differenzialgleichung und

III.) berechnen der Koeffizienten der Differenzialgleichung.

I.) Homogene Lösung (Eulerscher Ansatz [NCV+85, BS77])

$$\begin{aligned} LC\lambda^2 + RC\lambda + 1 &= 0 \\ \lambda_{1,2} &= -\frac{R}{2L} \pm \sqrt{\frac{R^2}{4L^2} - \frac{1}{LC}} \\ \lambda_1 &= -1.127s^{-1} \\ \lambda_2 &= -8.873s^{-1} \end{aligned}$$

$$y_{homogen}(t) = C_1 e^{\lambda_1 t} + C_2 e^{\lambda_2 t}$$

II.) partikuläre Lösung

$$RC\dot{\overline{u}}_a(t) + LC\ddot{\overline{u}}_a t + \overline{u}_a(t) = 1 \tag{2.13}$$

Da auf der rechten Seite eine Konstante - d. h. die Zahl 1 - steht, wird als Störansatz $f(t) = r_0$ [NCV+85] gewählt.

$$\begin{aligned} \overline{u}_a &= r_0 \\ \dot{\overline{u}}_a &= 0 \\ \ddot{\overline{u}}_a &= 0 \\ \curvearrowright \quad r_0 &= 1 \end{aligned}$$

Für die Gesamtlösung erhält man

$$u_a(t) = C_1 e^{-1.127t} + C_2 e^{-8.873t} + 1 \tag{2.14}$$

III.) Berechnung der Koeffizienten

Um die konstanten Koeffizienten berechnen zu können, benötigen wir die Anfangswerte $u_c(t_0) = u_a(t_0) = 0$ und $\dot{u}_a(t_0) = 1$. Um die Koeffizienten C_1 und C_2 zu bestimmen, benötigt man zwei unabhängige Gleichungen. Wir verwenden diesbezüglich die Gleichung (2.14) und deren zeitliche Ableitung.

$$\begin{aligned} 0 &= C_1 + C_2 + 1 \\ 1 &= -1.127C_1 - 8.873C_2 \end{aligned}$$

Die Lösungen des Gleichungssystems sind $C_1 = -1.0164$ und $C_2 = 0.0164$. Für das Ausgangssignal erhält man

$$u_a(t) = -1.0164e^{-1.127t} + 0.0164e^{-8.873t} + 1. \quad (2.15)$$

Der zeitliche Verlauf der Ausgangsgröße ist in der Abb.2.4 dargestellt.

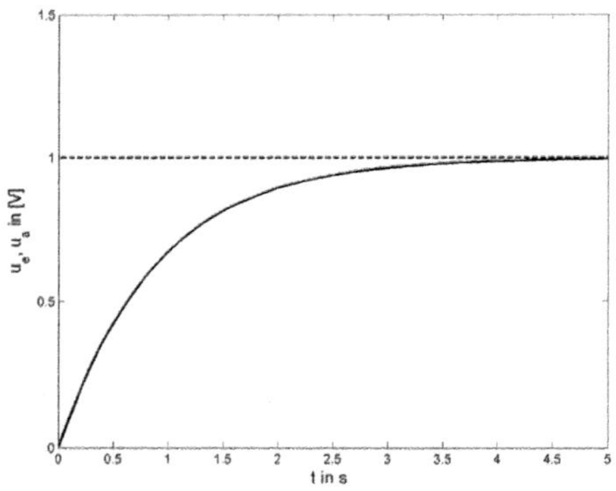

Abb. 2.4: Systemantwort $u_a(t)$ des RLC-Netzwerkes auf einen Einheitssprung.

Lösung c)

Wir stehen nun vor der Aufgabe das Zustandsraummodell aufzustellen. Es sei an dieser Stelle bemerkt, dass es mehrere Varianten für die Entwicklung eines Zustandsraummodelles gibt. Die Autorin stellt in diesem Buch drei Methoden vor. Zunächst wollen wir die **Methode 1** verwenden. Bei der **Methode 1** werden ausschließlich die physikalischen Größen des Netzwerkes als Zustandsgrößen verwendet. Das elektrische Netzwerk hat 2 unabhängige Speicherelemente L und C. Dies bedingt, dass 2 Zustandsgrößen x_1 und x_2 notwendig sind. Die Zustandsgrößen werden wie folgt festgelegt:

$x_1(t) = i(t)$ und

$x_2(t) = u_c(t) = u_a(t)$.

Was wissen wir bereits? Wir wissen, dass zwei Zustandsgrößen x_1 und x_2 vorkommen. Dies bedeutet, dass das Zustandsraummodell aus zwei Differenzialgleichungen erster Ordnung bestehen wird. Aus der Masche (s. Abb.2.3) des Netzwerkes erhält man die Maschengleichung (s. Lösung a))

$$u_e(t) = Ri(t) + L\frac{di(t)}{dt} + u_c(t).$$

Durch Umstellen der Differenzialgleichung nach der abgeleiteten Größe des Stromes, erhält man die erste Differenzialgleichung erster Ordnung für $x_1 = i$

$$\frac{di(t)}{dt} = -\frac{R}{L}i(t) - \frac{1}{L}u_c(t) + \frac{1}{L}u_e(t).$$

Die zweite Differenzialgleichung erster Ordnung ergibt sich aus der Strom-Spannungs-Beziehung am Kondensator

$$u_c(t) = u_c(t_0) + \frac{1}{C}\int_{t_0}^{t} i(\tau)d\tau.$$

Durch einmalige Differenziation nach der Zeit erhält man

$$\frac{du_c(t)}{dt} = \frac{1}{C}i(t).$$

Das Zustandsraummodell besteht aus zwei Differenzialgleichungen erster Ordnung und einer Ausgangsgleichung

$$\dot{x}_1(t) = -\frac{R}{L}x_1(t) - \frac{1}{L}x_2(t) + \frac{1}{L}u_e(t) \tag{2.16}$$

$$\dot{x}_2(t) = \frac{1}{C}x_1(t) \tag{2.17}$$

$$u_a(t) = x_2(t). \tag{2.18}$$

Merke: Aus einer linearen, zeitinvarianten Differenzialgleichung n-ter Ordnung erhält man ein Zustandsraummodell mit n Differentialgleichungen erster Ordnung. In einem letzten Schritt müssen die richtigen Anfangswerte des Zustandsraummodelles ermittelt werden. Diese stimmen in der Regel nicht mit denen des Differenzialgleichungssystems überein! Wir wissen, dass die Anfangswerte der Differentialgleichung $u_a(0) = 0\ [V]$ und $\dot{u}_a(0) = 1\ [V/s]$ sind. Unter Verwendung der Gleichung (2.18) ergibt sich

$$u_a(0) = u_c(0) = x_2(0) = 0\ [V].$$

Für die Zustandsgröße $x_1(t) = i(t)$ erhält man aus (2.17)

$$\begin{aligned} x_1(0) &= C\dot{x}_2(0) \\ &= C\dot{u}_a(0) \\ &= 0\ [A]. \end{aligned}$$

Ein wesentlicher Vorteil der Zustandsraumdarstellung ist, dass dieses System-Modell bestehend aus einem „Ensemble“ von n linearen Differenzialgleichungen erster Ordnung sich insbesondere unter dem Aspekt einer hohen Ordnung n relativ mühelos rechentechnisch lösen lassen. Für das obige Beispiel „RLC-Netzwerk“ erhielten wir ein Zustandsraummodell mit zwei Zustandsgrößen. Die allgemeine Darstellung eines Zustandsraummodelles in Vektor- und Matrizenschreibweise lautet:

$$\dot{\underline{x}}(t) = A\underline{x}(t) + \underline{b}u(t) \tag{2.19}$$

$$y(t) = \underline{c}^T\underline{x}(t) + du(t). \tag{2.20}$$

Das Modell (2.19/2.20) ist ein **Eingrößensystem**, da nur jeweils eine Eingangs-und Ausgangsgröße auftritt. Bei Systemen mit mehreren Ein-und/oder Ausgangsgrößen spricht man von einem **Mehrgrößensystem**. Die internen und externen Größen ($u(t)$, $y(t)$, $\underline{x}(t)$), sowie die Systemgrößen (A, $\underline{b}$, $\underline{c}^T$, d) eines Zustandsraummodelles sind in der Tab.2.1 zusammenfassend dargestellt.

Tab. 2.1: Skalare Größen, Vektoren und Matrix des Zustandsraummodelles eines Eingrößensystems.

Zustandsvektor	$\underline{x}(t)$	(n,1)-Vektor
Eingangsgröße	$u(t)$	skalare Größe
Ausgangsgröße	$y(t)$	skalare Größe
Systemmatrix	A	(n,n)-Matrix
Steuervektor	$\underline{b}$	(n,1)-Vektor
Beobachtungsvektor	$\underline{c}^T$	(1,n)-Vektor

Für das Beispiel „RLC-Netzwerk" erhält man folgendes Zustandsraummodell in Vektor-und Matrizenschreibweise

$$\begin{aligned} \dot{\underline{x}}(t) &= \underbrace{\begin{pmatrix} -\frac{R}{L} & -\frac{1}{L} \\ \frac{1}{C} & 0 \end{pmatrix}}_{A} \underline{x}(t) + \underbrace{\begin{pmatrix} \frac{1}{L} \\ 0 \end{pmatrix}}_{\underline{b}} u_e(t) \\ u_a(t) &= \underbrace{\begin{pmatrix} 0 & 1 \end{pmatrix}}_{\underline{c}^T} \underline{x}(t) + 0\, u_e(t). \end{aligned} \tag{2.21}$$

In der Abb.2.5 ist für ein Eingrößensystem der **Signalflussgraf** in Zustandsraumdarstellung abgebildet. Dieser Signalflussgraf entspricht exakt den mathematischen Gleichungen des Modells (2.19/ 2.20). Der Signalflussgraf zeigt, dass die Eingangsgröße $u(t)$ direkt auf den Ausgang des Systems wirkt[2]. In der Systemtheorie werden Modelle mit dieser Charakteristik *sprungfähige Systeme*[3] genannt.

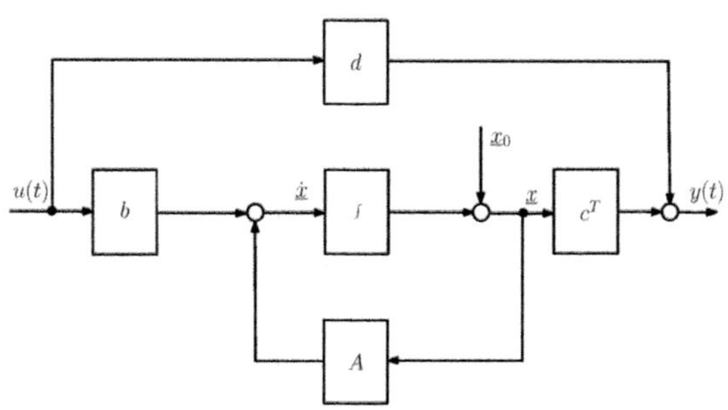

Abb. 2.5: Signalflussgraf Zustandsraum (Eingrößensystem).

[2]Dies ist dann der Fall, wenn der *Durchgangsterm* ungleich Null ist ($d \neq 0$)

[3]Bei Systemen, die als Differenzialgleichung n-ter Ordnung vorliegen, ist das Merkmal „sprungfähig" dann gegeben, wenn die höchste Ableitung der Ausgangsgröße $u_a^{(n)}(t)$ auch bei der Eingangsgröße $u_e^{(m)}(t)$ auftritt, d. h. $n = m$. Beispiel: $\dot{u}_a(t) + 2u_a(t) = \dot{u}_e(t)$

Das Beispiel „RLC-Netzwerk“ zeigte, dass es durch die entsprechende Wahl (Methode 1) der Zustandsgrößen x_i gelingt, ein Zustandsraummodell zu formulieren. Bei der Verwendung der *Methode 1* entscheidet der Ingenieur welche physikalischen Größen als Zustandsgrößen fungieren sollen, d. h. dieser stellt sich bewusst die Frage; Welche Zustandsgrößen des zu untersuchenden Systems sind relevant? Die Autorin hatte bereits erörtert, dass verschiedene Wege zum Zustandsraummodell führen. Im Ergebnis können sich dann die Elemente der Systemmatrix A, der Steuervektor b und der Beobachtungsvektor c^T hinsichtlich ihrer Inhalte (Zahlenwerte) unterscheiden! Dennoch sind diese äußerlich unterschiedlichen Zustandsraummodelle „systemtheoretisch“ identisch! So sind in diesem Fall die Eigenwerte[4] λ_i der Systemmatrix A identisch. Um dies besser zu verstehen, wollen wir das Beispiel „RLC-Netzwerk“ fortsetzen und versuchen mit der **Methode 2** ein Zustandsraummodell zu entwickeln.

Beispiel 2.3

$$u_e(t) = LC\ddot{u}_a t + RC\dot{u}_a(t) + u_a(t) \tag{2.22}$$

a) Entwickeln Sie für die Differenzialgleichung ein gültiges Zustandsraummodell!
Hinweis: Zeichnen Sie diesbezüglich einen Signalflussgrafen.

b) Bestimmen Sie für die Systemmatrix A die Eigenwerte und vergleichen Sie diese mit der Systemmatrix von (2.21)!

gegeben: $R = 1K\Omega, C = 10^3\,\mu F, L = 100\,H$ Hinweis: $1H = 1\frac{Vs}{A}$, $1F = 1\frac{As}{V}$
Anfangswerte: $u_a(0) = 0\,[V]$, $\dot{u}_a(0) = 1\,[V/s]$

Lösung a)
1. Schritt
Die Differentialgleichung wird nach der höchsten Ableitung umgestellt.

$$\ddot{u}_a(t) = -\frac{R}{L}\dot{u}_a(t) - \frac{1}{LC}u_a(t) + \frac{1}{LC}u_e(t)$$

2. Schritt
Die höchste Ordnung der Ableitung der Ausgangsgröße ist $n = 2$. Die Ableitungen auf der linken und rechten Seite der Gleichung sind zu „beseitigen“! Dies bedingt, die Differentialgleichung zweimal zu integrieren.

$$\iint \ddot{u}_a(t)dt = -\frac{R}{L}\iint \dot{u}_a(t)dt - \frac{1}{LC}\iint u_a(t)dt + \frac{1}{LC}\iint u_e(t)dt$$

Daraus folgt

$$u_a(t) = -\frac{R}{L}\int u_a(t)dt - \frac{1}{LC}\iint u_a(t)dt + \frac{1}{LC}\iint u_e(t)dt.$$

3. Schritt
Zeichnen des Signalflussgrafen (s. Abb.2.6)

4. Schritt
In den Signalflussgraf werden die Zustandsgrößen x_1 und x_2 und deren Ableitungen eingeführt. Die Zuordnung kann nach eigenem Ermessen erfolgen. Die Nummerierung der Zustandsgrößen ist dabei beliebig. Aus Gründen einer gewissen mathematischen Ordnung bezeichnet man die Zustandsgrößen $x_1, x_2, \ldots, x_n$.

[4]Die Eigenwerte geben an; System stabil bei $\lambda_i < 0\ \forall\ i$, System instabil bei $\lambda_i \geq 0$.

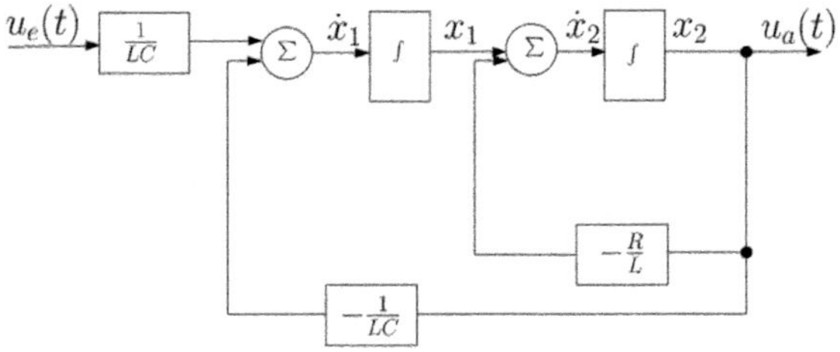

Abb. 2.6: Signalflussgraf.

5. Schritt
Aufstellen der Differentialgleichungen erster Ordnung durch ablesen aus dem Signalflussgrafen.

$$\dot{x}_1(t) = -\frac{1}{LC}x_2(t) + \frac{1}{LC}u_e(t) \tag{2.23}$$

$$\dot{x}_2(t) = x_1(t) - \frac{R}{L}x_2(t) \tag{2.24}$$

$$u_a(t) = x_2(t) \tag{2.25}$$

In Vektor- und Matrizenschreibweise gilt

$$\begin{aligned} \dot{\underline{x}}(t) &= \begin{pmatrix} 0 & -\frac{1}{LC} \\ 1 & -\frac{R}{L} \end{pmatrix} \underline{x}(t) + \begin{pmatrix} \frac{1}{LC} \\ 0 \end{pmatrix} u_e(t) \\ u_a(t) &= \begin{pmatrix} 0 & 1 \end{pmatrix} \underline{x}(t) + 0\, u_e(t). \end{aligned} \tag{2.26}$$

6. Schritt
Nun müssen wir noch die Anfangswerte des Zustandsraummodelles ermitteln. Die Anfangswerte der Differentialgleichung sind: $u_a(0) = 0\ [V]$ und $\dot{u}_a(0) = 1\ [V/s]$. Unter Verwendung der Gleichung (2.25) erhält man

$$u_a(0) = x_2(0) = 0\ [V].$$

Für die Zustandsgröße $x_1(t)$ ergibt sich aus (2.24)

$$\begin{aligned} x_1(0) &= \dot{x}_2(0) + \frac{R}{L}x_2(0) \\ &= \dot{u}_a(0) + \frac{R}{L}u_a(0) \\ &= 1\ [V/s]. \end{aligned}$$

7. Schritt
Die Simulationsergebnisse - hier unter Verwendung von *Matlab* [Mat09] - sind in der Abb.2.7 dargestellt. Man kann erkennen, dass die Zustandsgrößen $x_2(t)$ beider Modelle identisch sind. Dies bedeutet, dass in beiden Fällen $x_2(t)$ der Ausgangsspannung $u_a(t)$ des *RLC*-Netzwerkes entspricht. Die Zustandsgrößen $x_1(t)$ unterscheiden sich hingegen. So entspricht die Zustandsgröße $x_1(t)$ im ersten Modell der physikalische Größe Strom $i(t)$ und im zweiten Modell der nach der Zeit abgeleiteten Spannung $[V/s]$. Unter dem Aspekt „interpretierbarer Simulationsergebnisse“, wird dem Leser nun klarer, dass eine „entsprechende“ Wahl der Zustandsgrößen sinnvoll erscheint.

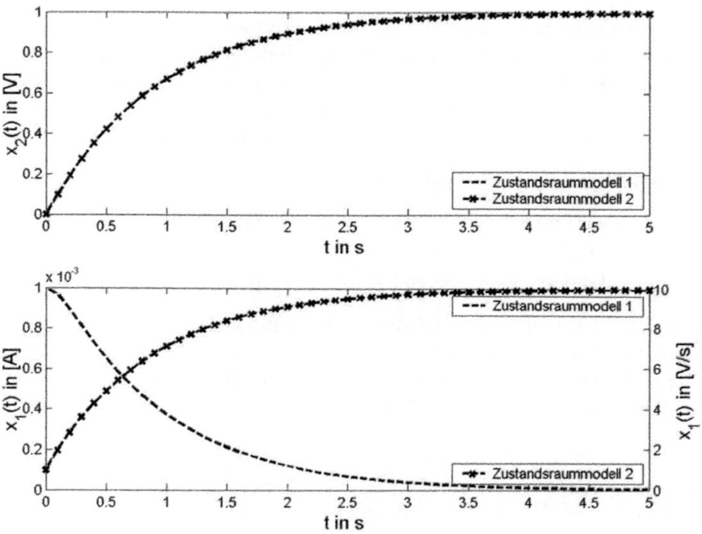

Abb. 2.7: Simulationsergebnisse des RLC-Netzwerkes als Zustandsraummodell.

Lösung b)
Für die Systemmatrix gilt

$$A = \begin{pmatrix} 0 & -\frac{1}{LC} \\ 1 & -\frac{R}{L} \end{pmatrix} = \begin{pmatrix} 0 & -1 \\ 1 & -10 \end{pmatrix}.$$

Die Eigenwerte sind $\lambda_1 = -0.1010$ und $\lambda_2 = -9.8990$. Da beide Eigenwerte kleiner als Null sind, ist das System stabil. Für die Systemmatrix aus Beispiel (2.2) gilt

$$A = \begin{pmatrix} -\frac{R}{L} & -\frac{1}{L} \\ \frac{1}{C} & 0 \end{pmatrix} = \begin{pmatrix} -10 & -0.01 \\ 100 & 0 \end{pmatrix}.$$

Die Eigenwerte sind - wie oben - $\lambda_1 = -0.1010$ und $\lambda_2 = -9.8990$. Beide Zustandsraummodelle beschreiben **dasselbe System** „RLC-Netzwerk“!

Im Folgenden Abschnitt werden wir kennenlernen, wie man für mechanische Schwingungssysteme das dynamische Verhalten mittels Bewegungsgleichung beschreibt.

2.1.2 Mechanisches Schwingungssystem und das Prinzip von d'Alembert

Die Anwendung der Kenntnisse der klassischen Mechanik gestattet, die Bewegungsgleichungen für ein dynamisches System aufzustellen. Diese Bewegungsgleichungen sind **Differenzialgleichungen zweiter Ordnung**. Der Franzose *Jean Baptiste le Rond d'Alembert* (∗1717;†1783) benutzte hierfür die Grundlagen der klassischen Mechanik, deren „Vater" der Engländer *Isaac Newton* (∗1643;†1727) ist. Dieser formulierte die nach ihm benannten *Newtonschen Axiome* [Rod03]:

1. Die Bewegungsgröße (Impuls) ändert sich nicht, wenn keine Kraft auf die Masse einwirkt.
2. Die zeitliche Änderung der Bewegungsgröße ist der einwirkenden Kraft proportional und geschieht in Richtung der Kraft.
3. Zu jeder Aktion gehört eine gleich große Reaktion (actio=reactio).

Während das 3. Axiom im Besonderen für die *Statik* von großer Bedeutung ist, das 1. Axiom einen Sonderfall des 2. Axioms darstellt, hat das 2. Axiom für die *Kinetik* eine entscheidende Bedeutung [Rod03]. Unter der Annahme, dass die Masse konstant ist erhält man für das *2. Newtonsche Gesetz* der Mechanik [Hei87, Rod03]:

$$F = m\ddot{x}. \tag{2.27}$$

Durch umstellen der Gleichung (2.27) ergibt sich

$$\begin{aligned} &F - m\ddot{x} = 0 \\ &mit \qquad m\ddot{x} = F_T. \end{aligned} \tag{2.28}$$

In Gl. (2.28) ist $F_T = m\ddot{x}$ eine durch Beschleunigung entstehende Kraft, die *d'Alembertsche Trägheitskraft*. **Die Summe aller an einer Masse angreifender Kräfte, einschließlich der d'Alembertschen Trägheitskraft F_T, ist gleich Null (dynamisches Gleichgewicht)** $\sum_{i=0} F_i = 0$ [Isr99]. Beim Aufstellen der Bewegungsgleichungen müssen alle an einem Massenpunkt angreifenden Kräfte berücksichtigt werden [Isr99]. Ein wichtiges Werkzeug ist dabei das *Schnittprinzip* [Rod03]. Die auf einen Massenpunkt einwirkenden Kräfte werden durch gedachtes „freischneiden" des Massenelements freigelegt [Rod03]. Es sei darauf verwiesen, dass bei technischen Systemen, welche *n* Massen enthalten, letztlich *n* Bewegungsgleichungen (Differenzialgleichungen zweiter Ordnung) gebildet werden. In der Praxis finden vor allem Feder-Masse-Systeme vielfältige Anwendung. Beispielsweise werden elektronisch geregelte Luftfedersysteme und aktive Fahrwerksysteme von Kraftfahrzeugen mittels Feder-Masse-System modelliert [Isr06]. Im Folgenden wird für das Beispiel eines Feder-Masse-Systems mit Dämpfer die mathematische Modellbildung anschaulich dargestellt.

Beispiel 2.4
Entwickeln Sie für das in der Abb.2.8 dargestellte Feder-Masse-System mit Dämpfer

a) die Bewegungsgleichung und

b) ein Zustandsraummodell!

Lösung a)
1. Schritt
Um ein mathematisches Modell, für das Feder-Masse-System zu entwickeln, ist es zweckmäßig, zu abstrahieren. Wir wollen uns vorstellen, als säßen wir auf der Masse *m*. An der Masse greift eine externe Kraft $F(t)$ an. Die externe Kraft stellt die Eingangsgröße $u(t) = F(t)$ des Systems dar. Wie in einem Fahrstuhl hätten wir das Gefühl, als bewege man sich nach oben, d. h. entgegen der Kraftwirkung der externen Kraft.

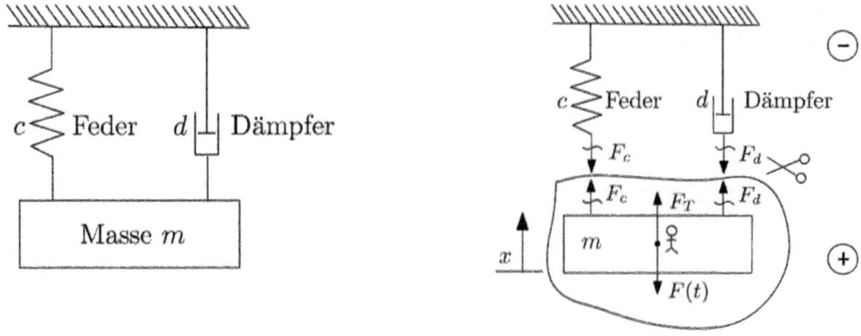

Abb. 2.8: Feder-Masse-System mit Dämpfer (links), „freigeschnittenes“ System (rechts).

Diese Kraft wollen wir Trägheitskraft F_T nennen. Die Federkraft F_c und die Dämpfungskraft F_d wirken der externen Kraft entgegen.

2. Schritt
Im nächsten Schritt werden alle Kräfte an der Masse mit Pfeilen gekennzeichnet. Nun nehmen wir eine „Schere“, schneiden die Masse „frei“ und legen fest, dass Kräfte, die nach oben wirken - d. h. in vertikaler Richtung - ein negatives Vorzeichen erhalten (s. Abb.2.8, rechts). Die Wahl des Vorzeichens ist beliebig. Für das Kräftegleichgewicht ergibt sich

$$-F_T(t) - F_c(t) - F_d(t) + F(t) = 0.$$

Eine Frage, die Studierende immer wieder gern in diesem Zusammenhang in Lehrveranstaltungen stellen, ist die nach dem Verbleiben der Gewichtskraft F_G. In der grafischen Abbildung 2.8 fehlt offensichtlich die Gewichtskraft, aber warum? In der statischen Ruhelage wird das Gewicht der Masse durch die gleich große Federkraft kompensiert, d. h. $F_G = F_c$. Somit kann die Gewichtskraft aus den Betrachtungen entfallen. Verwendet man für die Kräfte die physikalischen Zusammenhänge (s. Abb.2.1), erhält man für die Bewegungsgleichung

$$F(t) = m\ddot{x}(t) + d\dot{x}(t) + cx(t). \qquad (2.29)$$

Lösung b)
Für die Entwicklung eines Zustandsraummodells wollen wir gezielt die uns noch unbekannte **Methode 3** wählen. Dies hat den Vorteil, dass einerseits die vorzeitige Festlegung von Zustandsgrößen (Methode 1) und andererseits die Darstellung mittels Signalflussgraf (Methode 2) vermieden wird.

1. Schritt
Bei dieser Methode werden zunächst alle abgeleiteten Größen der Bewegungsgleichung auf die linke Seite der Bewegungsgleichung (2.30) gebracht.

$$m\ddot{x}(t) + d\dot{x}(t) = -cx(t) + F(t)$$

2. Schritt
In einem zweiten Schritt wird die abgeleitete Zustandsgröße $\dot{x}_1(t)$ eingeführt

$$m\ddot{x}(t) + d\dot{x}(t) = -cx(t) + F(t) = \dot{x}_1(t). \qquad (2.30)$$

3. Schritt
Die Differenzialgleichung (2.30) wird einmal von links und rechts integriert.

$$m\dot{x}(t) + dx(t) = x_1(t) \tag{2.31}$$

4. Schritt
Die integrierte Gleichung (2.31) wird so umgestellt, dass die abgeleitete Größe wieder auf der linken Seite dieser Gleichung steht.

$$m\dot{x}(t) = -dx(t) + x_1(t) \tag{2.32}$$

5. Schritt
Einführung einer zweiten Zustandsgröße $\dot{x}_2(t)$.

$$m\dot{x}(t) = -dx(t) + x_1(t) = \dot{x}_2(t) \tag{2.33}$$

6. Schritt
Die Gleichung (2.33) wird nun wieder einmal von links und rechts integriert. Das Ergebnis ist

$$mx(t) = x_2(t). \tag{2.34}$$

7. Schritt
Mit den Gleichungen (2.30) und (2.33) erhält man die beiden Differenzialgleichungen erster Ordnung.

$$\dot{x}_1(t) = -cx(t) + F(t) \tag{2.35}$$
$$\dot{x}_2(t) = -dx(t) + x_1(t) \tag{2.36}$$

Für die Ausgangsgröße des Schwingungssystems - d. h. den Weg $x(t)$ - erhält man aus (2.34)

$$x(t) = \frac{1}{m}x_2(t). \tag{2.37}$$

Damit ergibt sich für das Zustandsraummodell

$$\begin{aligned}
\dot{x}_1(t) &= -\frac{c}{m}x_2(t) + F(t) \\
\dot{x}_2(t) &= x_1(t) - \frac{d}{m}x_2(t) \\
x(t) &= \frac{1}{m}x_2(t).
\end{aligned} \tag{2.38}$$

In diesem Kapitel wurde erörtert, wie man mithilfe der mathematischen Modellbildung, d. h. über das Aufstellen einer

a) **linearen Differenzialgleichung** und/oder eines

b) **linearen Zustandsraummodells**,

das dynamische Verhalten von technischen Systemen beschreibt. Sie werden an dieser Stelle vielleicht anmerken, dass die hier untersuchten Systeme doch eigentlich relativ trivial waren. Ja, dies stimmt! Dennoch halten Sie nun ein mächtiges Werkzeug in den Händen, um auch komplexere Systeme mittels Differenzialgleichungen bzw. im Zustandsraum beschreiben und mathematisch lösen zu können. In diesem Kapitel hat die Autorin drei Methoden aufgezeigt, die es Ihnen gestatten, das Zustandsraummodell aufzustellen:

Methode 1 Die Zustandsgrößen werden so gewählt, dass diese physikalischen Größen entsprechen. Aus den Differenzialgleichungen werden die n Differenzialgleichungen erster Ordnung abgeleitet.

Methode 2 Aus dem Signalflussgraf lässt sich direkt das Zustandsraummodell aufstellen.

Methode 3 Sortieren aller nach der Zeit abgeleiteten Systemgrößen auf die linke Seite der Gleichung. Einführung einer nach der Zeit abgeleiteten Zustandsgröße $\dot{x}_i$, Integration der Gleichung und erneutes Sortieren der verbliebenen zeitlichen Ableitungen $\ldots \rightarrow$ sukzessive Vorgehensweise.

In den nächsten Kapiteln wollen wir uns intensiv mit der Laplace- und Fourier-Transformation auseinander setzen. Beide sind überaus wichtige Integraltransformationen, die den Ingenieur unter anderem in die Lage versetzen, dynamische Systeme im Frequenzbereich zu untersuchen.

2.2 Aufgaben

Aufgabe 2.1
Lösen Sie die Differenzialgleichungen auf analytischem Wege und entwickeln Sie jeweils ein gültiges Zustandsraummodell! Hinweis: $u_e(t) = 1\sigma(t)$ (Einheitssprung)

$$a) \quad \ddot{u}_a(t) - 8\dot{u}_a(t) + 7u_a(t) = 14\, u_e(t) \quad u_a(0) = 0, \dot{u}_a(0) = 1$$
$$b) \quad \dot{u}_a(t) + 2u(t) = 2\, u_e(t) \quad u_a(0) = -1$$

Aufgabe 2.2

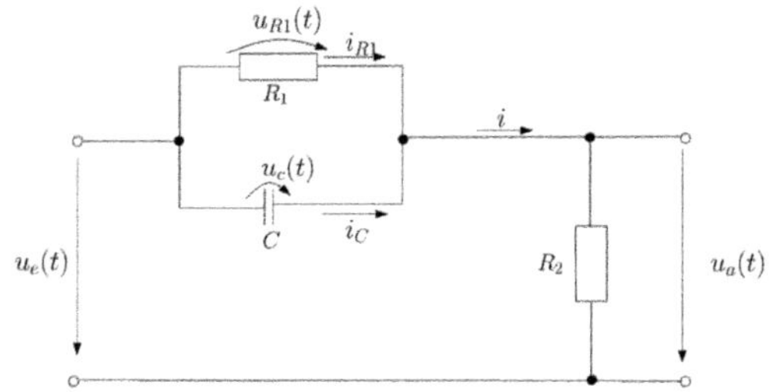

a) Entwickeln Sie für das elektrische Netzwerk eine Differenzialgleichung in der implizit die Eingangs- und Ausgangsgröße $u_e(t)$ und $u_a(t)$ auftreten!

Aufgabe 2.3

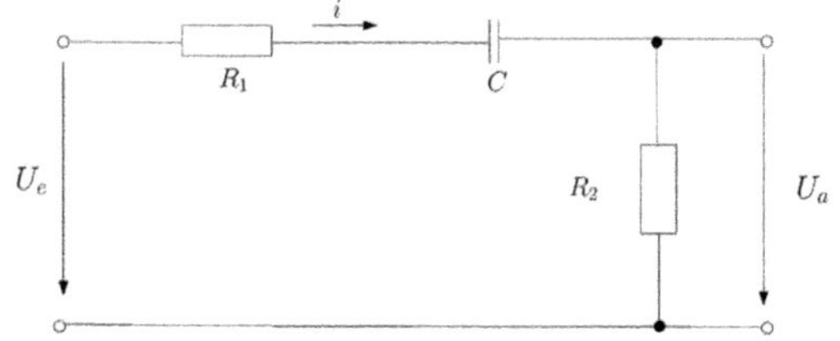

a) Entwickeln Sie für das elektrische Netzwerk eine Differenzialgleichung in der implizit die Eingangs- und Ausgangsgröße $u_e(t)$ und $u_a(t)$ auftreten!

Aufgabe 2.4

$$2\ddot{u}_a(t) + 4\dot{u}_a(t) - 6u_a(t) = u_e(t), \qquad u(t) = t\sigma(t)$$

a) Lösen Sie die Differenzialgleichung auf analytischem Weg! Die Anfangsbedingungen sind: $u_a(0) = 0, \dot{u}_a(0) = 0$

b) Entwickeln Sie aus der Differenzialgleichung einen Signalflussgrafen!

c) Ermitteln Sie aus dem Signalflussgrafen (Methode 1) ein Zustandsraummodell!

Aufgabe 2.5

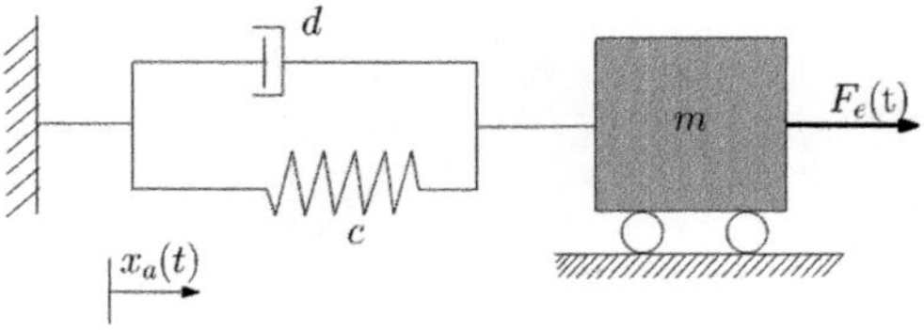

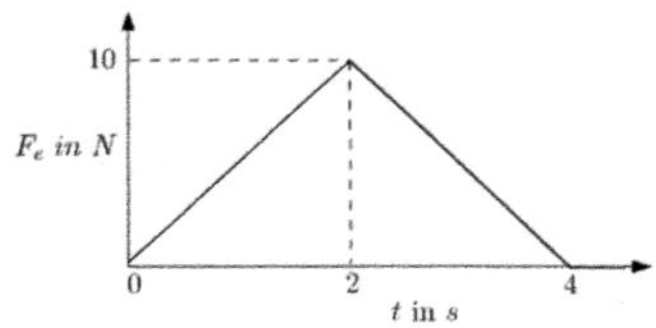

a) Für das dargestellte mechanische System [Jör95] ist das mathematische Modell aufzustellen!
Hinweis: Die Reibung wird nicht berücksichtigt!

b) Ermitteln Sie die Lösung - d. h. die Ausgangsgröße $x_a(t)$ - der Differenzialgleichung!
Eingangsgröße: $F_e(t)$ (Kraft) gültig für $0 \leq t \leq 2s$, Ausgangsgröße: $x_a(t)$ (Weg)
gegeben: $m = 10\ kg$, $d = 20\ Ns/m$, $c = 5\ N/m$ ($1N = 1\ kgms^{-2}$)
Anfangswerte: $x_a(0) = 0.01\ m$, $\dot{x}_a(0) = 0.2\ m/s$

c) Berechnen Sie die Ausgangsgröße $x_a(t)$ für das Zeitintervall $2s \leq t \leq 4s$!
Hinweis: Sie müssen zunächst die neuen Anfangswerte $x_a(2)$ und $\dot{x}_a(2)$ bestimmen!

d) Stellen Sie den Verlauf der Ausgangsgröße $x_a(t)$ für das Zeitintervall $0 \leq t \leq 4s$ grafisch dar!
Hinweis: Lösen Sie die Aufgabe mit Matlab [Mat09]!

3 Laplace-Transformation

3.1 Definition und Korrespondenzen

Die Laplace-Transformation hat für die Analyse und den Entwurf linearer, zeitinvarianter dynamischer Systeme eine große praktische Bedeutung erlangt. Sie gehört zur Gruppe der Integraltransformationen. Namensgeber der Transformation ist der Mathematiker und Astronom *Pierre-Simon de Laplace* (s. Abb.3.1). Einer der entscheidenden Protagonisten, der sich bleibende Anerkennung bei der Ausarbeitung der Theorie der Laplace-Transformation erworben hat, ist der deutsche Mathematiker *Gustav Doetsch* (∗1892;†1977). Das Lehrbuch *Einführung in Theorie und Anwendung der Laplace-Transformation* [Doe58] zeichnet sich durch die exakte mathematische Analyse zur Laplace-Transformation aus. Darüber hinaus ist es *Doetsch* gelungen, die Laplace-Transformation, als ein praktikables Hilfsmittel, den Ingenieurwissenschaften zugänglich zu machen. Aus mathematischer Sicht unterscheidet man zwischen der **einseitigen** und der **zweiseitigen Laplace-Transformation**.

Abb. 3.1: Pierre-Simon de Laplace (∗1749;†1827) war ein französischer Mathematiker und Astronom. Quelle: Wikipedia [Wik08].

Bei der einseitigen Laplace-Transformation liegen die Integrationsgrenzen für das Integrationsintervall zwischen 0 und +∞. Bei der zweiseitigen Laplace-Transformation liegen die Integrationsgrenzen zwischen -∞ und +∞. In der Praxis wird die zweiseitige Laplace-Transformation in ihrer allgemeinen Form selten verwendet, so dass sich die Autorin auf die **einseitige Laplace-Transformation** beschränkt. Bei der Laplace-Transformation wird die reellwertige oder komplexwertige, kausale[1] Signalfunktion $x(t)$ in eine **komplexwertige Bildfunktion** $X(s)$ (komplexe Frequenzebene) abgebildet.

$$X(s) \quad = \quad \mathscr{L}\{x(t)\} = \int_0^{\infty} x(t)e^{-st}dt \tag{3.1}$$

Abstrahiert kann man die Laplace-Transformation auch so verstehen, als bewege man sich von der Welt der Zeitfunktionen $x(t)$ durch einen „Tunnel" in die Welt des s-Bereiches $X(s)$. Die Variable s stellt die komplexe Frequenz $s = \delta + j\omega$ dar. Die Korrespondenz zwischen Zeitfunktion $x(t)$ und der Laplace-Transformierten $X(s)$ wird mit einer „Hantel" symbolisiert.

$$x(t) \circ\!\!-\!\!\!-\!\!\!-\!\!\bullet \; X(s)$$

Die Laplace-Transformierte wird in der einschlägigen Literatur mit einem **großen** Buchstaben gekennzeichnet.

[1] Dies sind Funktionen, die nur für $t \geq 0$ „existieren". Für $t < 0$ sind diese Null.

Im Folgenden wollen wir testen, ob die Transformationsvorschrift (3.1) wirklich „funktioniert". Zu diesem Zweck berechnen wir für die abklingende Exponentialfunktion[2]

$$x(t) = e^{-at}\sigma(t) \tag{3.2}$$

deren Laplace-Transformierte. Die Anwendung von (3.1) auf die Zeitfunktion ergibt

$$\begin{aligned} X(s) &= \int_{-0}^{\infty} e^{-at} e^{-st}\, dt \\ &= \int_{-0}^{\infty} e^{-(s+a)t}\, dt \\ &= \left[\frac{-1}{s+a} e^{-(s+a)t}\right]_{t=0}^{t=\infty} \\ &= -\frac{1}{s+a}\left[\lim_{t\to\infty} e^{-(s+a)t} - 1\right] \\ &= \frac{1}{s+a}. \end{aligned} \tag{3.3}$$

Das Transformationsergebnis stellt eine *gebrochen-rationale Funktion* dar. Was sind gebrochen-rationale Funktionen? Eine allgemeine Form einer **gebrochen-rationalen Übertragungsfunktion** [Jör95, Föl08, LW07][3] kann wie folgt angegeben werden.

$$G(s) = \frac{Y(s)}{U(s)} = \frac{b_0 + b_1 s + b_2 s^2 \ldots b_m s^m}{a_0 + a_1 s + a_2 s^2 \ldots a_n s^n} \qquad n \geq m \tag{3.4}$$

Wir sprechen von *echt gebrochenen-rationalen* Übertragungsfunktionen wenn der Grad n des Nennerpolynoms größer ist als der Grad des Zählerpolynoms m, $n > m$. Für reale Systeme kann diese Forderung abgeschwächt werden, so dass auch die Forderung $n \geq m$ genügt [Kor97]. Bei Systemen mit gleichem Zähler- und Nennergrad ($m = n$) spricht man von „sprungfähigen" Systemen (s. Kapitel 2). Für den Fall, dass der Zählergrad kleiner als der Nennergrad ist ($m < n$), sind die Übertragungsfunktionen **technisch nicht realisierbar!** Diese Tatsache lässt sich mit **Matlab** [Mat09, AB09], wie das folgende Beispiel zeigt, relativ einfach veranschaulichen.

Beispiel 3.1
Das System $G(s) = \frac{2s^2+2s+2}{1s+1}$ soll mit einem Einheitssprung beaufschlagt werden!

Lösung a)

```
echo on
Gs = tf([2 2 2],[1 1])

Transfer function:
2 s^2 + 2 s + 2
---------------
     s + 1
step(Gs)
??? Error using ==> ltipack.ltidata.utCheckComputability at 13
Not supported for models with more zeros than poles.
```

[2] Das „$\sigma(t)$" in (3.2) kennen wir bereits, es definiert den Einheitssprung. Es zeigt an, dass die Funktion zum Zeitpunkt $t > 0$ aktiviert wird (s. Kapitel 1).

[3] Die Autorin hat sich aus Gründen einer einfacheren Darstellung, dafür entschieden, auf Totzeiten im Systemverhalten zu verzichten.

Aus der Übertragungsfunktion lässt sich analog der Systemmatrix A Aussagen über das Systemverhalten ableiten. Zu diesem Zweck werden die **Pol- und Nullstellen** der Übertragungsfunktion ermittelt. Zur Berechnung der Pole wird das Nennerpolynom Null gesetzt.

$$a_0 + a_1 s_p + a_2 s_p^2 \ldots a_n s_p^n = 0 \tag{3.5}$$

Wird hingegen das Zählerpolynom Null gesetzt, erhält man durch Lösen der Polynomgleichung

$$b_0 + b_1 s_N + b_2 s_N^2 \ldots b_m s_N^m = 0 \tag{3.6}$$

die Nullstellen. **Pol- und Nullstellen** beeinflussen das dynamische Übertragungsverhalten des Systems. Die Pole können in der komplexen **s-Ebene** - auch **Pol-Nullstellen-Diagramm** genannt - grafisch dargestellt werden. Einfache Pole werden mit einem Kreuz und mehrfache Pole durch ein Doppelkreuz gekennzeichnet. Aus der Lage der Pole in der komplexen s-Ebene können Aussagen über das Übertragungsverhalten des Systems gewonnen werden[4] . Liegen alle Pole einer Übertragungsfunktion links der imaginären Achse, d. h. in der linken s-Halbebene , so ist das System **stabil**. Liegt hingegen mindestens ein Pol der Übertragungsfunktion auf der Imaginärachse oder in der rechten s-Halbebene, ist das System **instabil**. Die Übertragungsfunktion $G(s) = \frac{1}{s+a}$ hat einen Pol. Setzt man das Nennerpolynom gleich Null, d. h. $s + a = 0$, erhält man $s = -a$. Für $a > 0$ liegt der Pol in der linken s-Ebene (s. Abb.3.2). Für diesen Fall ist das System stabil. Der zeitliche Verlauf der Exponentialfunktion $x(t)$ konvergiert dann gegen einen festen Endwert

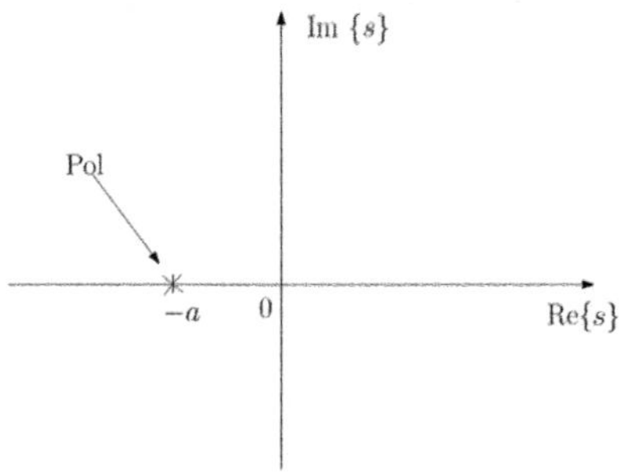

Abb. 3.2: Komplexe s-Ebene (Pol-Nullstellen-Diagramm) für $s_p = -a$ $(a > 0)$.

$x(t \to \infty) = 0$. Sind die Pole konjugiert komplex und liegen diese links der imaginären Achse, ergibt sich als Ausgangssignal eine abklingende Schwingung. Um so weiter entfernt die Pole von der imaginären Achse liegen, desto schneller ist das System. So ist ein System mit dem Pol bei $s_p = -20$ wesentlich schneller, als ein System mit einem Pol bei $s_p = -2$. „Schnell" bedeutet in diesem Sinne, dass der stationäre Endwert $x(t \to \infty)$ zeitnah erreicht wird. Die Nullstellen einer Übertragungsfunktion können gleichfalls zur Charakterisierung des Übertragungsverhaltens genutzt werden. Die Nullstellen werden im Pol-Nullstellen-Diagramm mit einem offenen Kreis gekennzeichnet. Fallen Pole und Nullstellen zusammen - d. h. ist $s_p = s_N$ - dann spricht man

[4] Das System ist für $s_{p_i} < 0 \; \forall \; i$ stabil. Das System ist für $s_{p_i} \geq 0$ instabil.

von einer Pol- und Nullstellen-Kompensation. Diese Eigenschaft wird unter anderem in der Regelungstechnik beim Entwurf linearer Kompensations-Regler [Föl08] genutzt. Liegen alle Pol- und Nullstellen einer Übertragungsfunktion in der linken s-Halbebene, spricht man von einem **minimalphasigen System**. Liegt hingegen mindestens ein Pol oder eine Nullstelle in der rechten s-Halbebene, spricht man von einem **nicht-minimalphasigen System**.

Wir wollen zurückkehren zur Problematik der Laplace-Transformation und im Folgenden weitere relevante **Korrespondenzen** kennenlernen. Ausgangspunkt der Untersuchungen soll wiederum die „abklingende Exponentialfunktion“ sein.

$$x(t) = e^{-at}\sigma(t) \tag{3.7}$$

Wir nehmen jedoch nun an, dass der Exponent a den Wert Null annimmt

$$x(t) = \sigma(t). \tag{3.8}$$

Diese Zeitfunktion kennen wir bereits unter dem Begriff **Einheitssprung**. Da der Exponent a gleich Null ist, erhält man durch einfaches überlegen, dass für die Laplace-Transformierte der Einheitssprungfunktion gilt

$$X(s) \quad = \quad \frac{1}{s}.$$

Unter Verwendung des Hantel-Symbols erhält man für den Einheitssprung die Korrespondenz.

$$\sigma(t) \circ\!\!-\!\!\!-\!\!\!-\!\!\bullet \frac{1}{s}$$

Beispiel 3.2
Gegeben ist die Exponentialfunktion

$$x(t) \quad = \quad [e^{-t} + e^{-2t}]\sigma(t).$$

a) Bestimmen Sie die Laplace-Transformierte $X(s)$!

b) Ermitteln Sie die Pol- und Nullstellen und stellen Sie diese in der komplexen s-Ebene grafisch dar!

c) Ist das System $X(s)$ stabil und minimalphasig?

Lösung a)

$$\begin{aligned} X(s) &= \int_{-0}^{\infty}\left[e^{-t} + e^{-2t}\right]e^{-st}\,dt \\ &= \int_{-0}^{\infty} e^{-t}e^{-st}\,dt + \int_{-0}^{\infty} e^{-2t}e^{-st}\,dt \\ &= \frac{1}{s+1} + \frac{1}{s+2} \\ &= \frac{2s+3}{(s+1)(s+2)} \end{aligned}$$

Lösung b)
Polstellen: $s_{p1} = -1$, $s_{p2} = -2$
Nullstellen: $2s+3=0 \curvearrowright s = -\frac{3}{2} = -1.5$
In der Abbildung 3.3 ist die komplexe Ebene dargestellt.

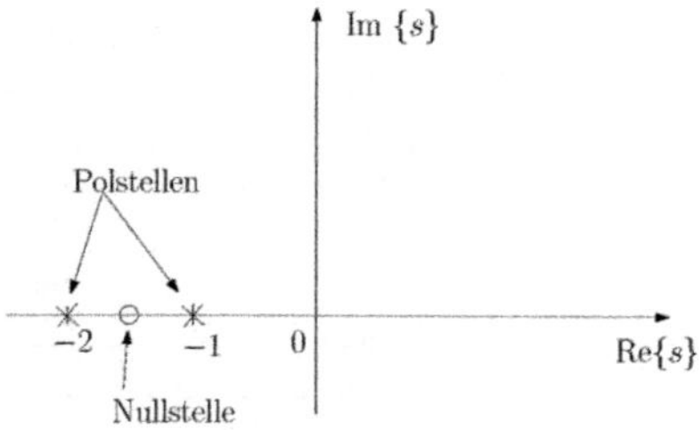

Abb. 3.3: Komplexe s-Ebene.

Lösung c)
Da alle Pol-und Nullstellen von $X(s)$ in der linken s-Halbebene liegen, ist das Systemverhalten stabil und minimalphasig.

Beispiel 3.3
Gegeben ist eine Rampenfunktion

$$x(t) = t\sigma(t).$$

a) Bestimmen Sie die Laplace-Transformierte $X(s)$!

b) Ermitteln Sie die Pol- und Nullstellen und stellen Sie diese in der komplexen s-Ebene dar!

Lösung a)

$$X(s) = \int_{-0}^{\infty} te^{-st}dt$$

Die partielle Integration mit $u = t$, $u' = 1$ und $v' = e^{-st}dt$, $v = -\frac{1}{s}e^{-st}$ ergibt

$$\begin{aligned} X(s) &= -t\frac{1}{s}e^{-st}\Big|_{-0}^{\infty} + \int_{-0}^{\infty} \frac{1}{s}e^{-st}dt \\ &= \int_{-0}^{\infty} \frac{1}{s}e^{-st}dt = \frac{1}{s^2}. \end{aligned}$$

Lösung b)
Polstellen: $s_{p1} = 0$, $s_{p2} = 0$
Nullstellen: keine
In der Abbildung 3.4 ist die komplexe Ebene dargestellt.

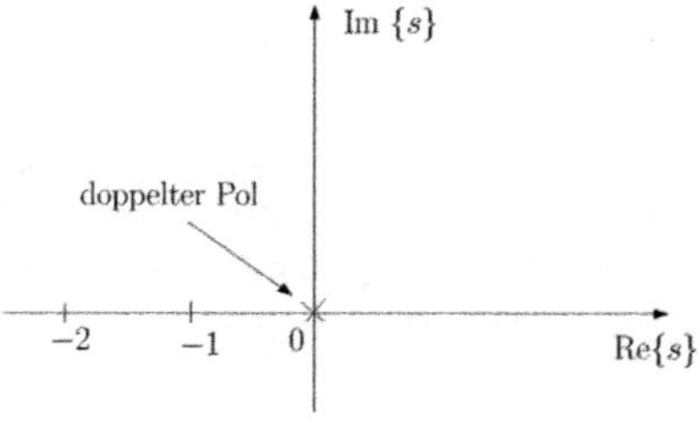

Abb. 3.4: Komplexe s-Ebene.

Mit der Zielstellung einer optimalen Transformation vom Zeitbereich in den Bildbereich, wäre es sicher sehr müßig, würde man einzig und allein auf die Anwendung der Transformationsvorschrift Gl.(3.1) angewiesen sein. Aus diesem Grund, wollen wir einerseits die Korrespondenztabelle (s. Tab.3.1) einbeziehen und andererseits die Anwendung der **Sätze** der Laplace-Transformation üben. Wir werden im Folgenden ausgewählte Sätze kennenlernen.

Tab. 3.1: Korrespondenztabelle [LW07, Jör95, GRS07].

	$x(t)$	$\mathscr{L}\{x(t)\}$
1	$\delta(t)$	1
2	$\delta(t-T)$	e^{-sT}
3	$\sigma(t)$	$\frac{1}{s}$
4	$\sigma(t-T)$	$\frac{1}{s}e^{-sT}$
5	$e^{-at}\sigma(t)$	$\frac{1}{s+a}$
6	$e^{-a\lvert t\rvert}\sigma(t)$	$\frac{2a}{a^2-s^2}$
7	$te^{-at}\sigma(t)$	$\frac{1}{(s+a)^2}$
8	$cos(\omega t)\sigma(t)$	$\frac{s}{(s^2+\omega^2)}$
9	$sin(\omega t)\sigma(t)$	$\frac{\omega}{(s^2+\omega^2)}$
10	$t^n\sigma(t), (n=1,2,3,\ldots)$	$\frac{n!}{s^{n+1}}$
11	$t^n e^{-at}\sigma(t)$	$\frac{n!}{(s+a)^{n+1}}$
12	$\frac{1}{a}(1-e^{-at})\sigma(t)$	$\frac{1}{s(s+a)}$
13	$\frac{1}{(b-a)}(e^{-at}-e^{-bt})\sigma(t)$	$\frac{1}{(s+a)(s+b)}$
14	$\frac{1}{(b-a)}(be^{-bt}-ae^{-at})\sigma(t)$	$\frac{s}{(s+a)(s+b)}$
15	$\frac{1}{\sqrt{1-D^2}\,\omega_0}e^{-D\omega_0 t}sin\left(\sqrt{1-D^2}\,\omega_0 t\right)\sigma(t)$	$\frac{1}{s^2+2D\omega_0 s+\omega_0^2}$
16	$e^{-at}sin(\omega t)\sigma(t)$	$\frac{\omega}{(s+a)^2+\omega^2}$
17	$e^{-at}cos(\omega t)\sigma(t)$	$\frac{s+a}{(s+a)^2+\omega^2}$

1.) Linearitätssatz

$$x_1(t) \circ\!\!-\!\!\!-\!\!\bullet\; X_1(s)$$

$$x_2(t) \circ\!\!-\!\!\!-\!\!\bullet\; X_2(s)$$

$$k_1x_1(t)+k_2x_2(t) \circ\!\!-\!\!\!-\!\!\bullet\; k_1X_1(s)+k_2X_2(s)$$

Wie ist diese Darstellung zu interpretieren? Im Zeitbereich sind die Funktionen $x_1(t)$ und $x_2(t)$ gegeben. Für diese lassen sich beispielsweise die Lösungen $X_1(s)$ und $X_2(s)$ im Bildbereich formulieren. Der *Linearitätssatz* besagt: Die Multiplikation von konstanten Größen mit den jeweiligen Zeitfunktionen, entspricht im Bildbereich der Multiplikation der Konstanten mit den entsprechenden Bildfunktionen.

Beispiel 3.4
Wenden Sie den Linearitätssatz auf

$$5sin\ 2t + 3cos\ 3t \qquad an!$$

Lösung

$$\mathscr{L}\{5sin\ 2t + 3cos\ 3t\} = 5\frac{2}{s^2+4} + 3\frac{s}{s^2+9}$$

2.) Dämpfungssatz

$$x(t) \circ\!\!-\!\!\!-\!\!\!-\!\!\bullet\ X(s)$$

$$e^{at}x(t) \circ\!\!-\!\!\!-\!\!\!-\!\!\bullet\ X(s-a)$$

Der Dämpfungssatz besagt, dass die Multiplikation einer zeitkontinuierlichen Funktion $x(t)$ mit der Exponentialfunktion e^{-at} im Bildbereich einer „Verschiebung" des Operators s um den Faktor $+a$ entspricht. Im Falle einer Multiplikation mit e^{+at} würde sich eine Verschiebung des Operators s um den Faktor $-a$ ergeben.

Beispiel 3.5
Bestimmen Sie die Laplace-Transformierte der gegebenen Zeitfunktion unter Verwendung des Dämpfungssatzes!

$$\mathscr{L}\{e^{-2t}cos\ 3t\}$$

Lösung
Wir transformieren zunächst den Term $cos\ 3t$ in den Bildbereich. Die Verwendung der Korrespondenztabelle 3.1 (Zeile 8) ergibt

$$\mathscr{L}\{cos\ 3t\} = \frac{s}{s^2+9}.$$

Der Term e^{-2t} ergibt unter Berücksichtigung des Dämpfungssatzes eine positive Verschiebung $(s+2)$ des Operators s

$$\mathscr{L}\{e^{-2t}cos\ 3t\} = \frac{s+2}{(s+2)^2+9}.$$

3.) Verschiebungssatz

$$x(t) \circ\!\!-\!\!\!-\!\!\!-\!\!\bullet\ X(s)$$

$$x(t-t_0) \circ\!\!-\!\!\!-\!\!\!-\!\!\bullet\ X(s)e^{-t_0 s} \qquad t_0 > 0$$

Die Verschiebung des Signals $x(t)$ um t_0 im Zeitbereich wird auf der „anderen Seite", d. h. im Bildbereich, durch das Einbringen von $e^{-t_0 s}$ berücksichtigt.

Beispiel 3.6
Gesucht ist die Laplace-Transformierte des Rechteckimpulses (Abb.3.5) endlicher Dauer!

$$x(t) = 2\sigma(t) - 2\sigma(t-3)$$

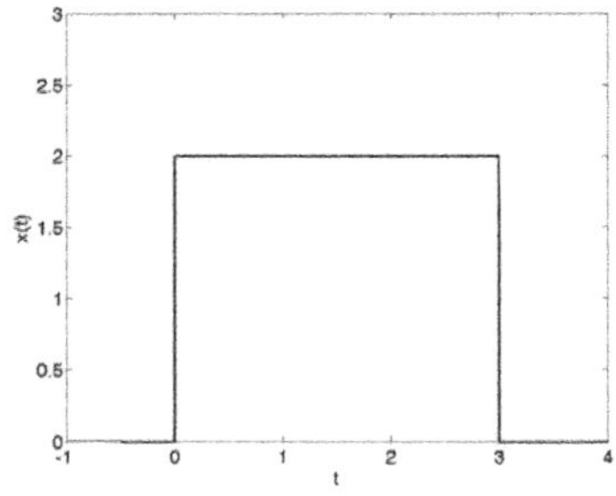

Abb. 3.5: Rechteckimpuls.

Lösung

$$\begin{aligned} X(s) &= 2\frac{1}{s} - 2\frac{1}{s}e^{-3s} \\ &= \frac{2}{s}\left(1 - e^{-3s}\right) \end{aligned} \tag{3.9}$$

4.) Integrationssatz

$$x(t) \quad \circ\!\!-\!\!\!-\!\!\!-\!\!\bullet \quad X(s)$$

$$\int_0^t x(\tau)d\tau \quad \circ\!\!-\!\!\!-\!\!\!-\!\!\bullet \quad \frac{1}{s}X(s)$$

Beispiel 3.7
Wie lautet die Laplace-Transformierte für eine Rampe $x(t) = t\sigma(t)$?

Lösung

$$\mathscr{L}\{t\sigma(t)\} = \frac{1}{s^2}$$

5.) Differenziationssatz

$$x(t) \quad \circ\!\!-\!\!\!-\!\!\!-\!\!\bullet \quad X(s)$$

$$\dot{x}(t) \quad \circ\!\!-\!\!\!-\!\!\!-\!\!\bullet \quad sX(s) - x(-0)$$

$$\ddot{x}(t) \quad \circ\!\!-\!\!\!-\!\!\!-\!\!\bullet \quad s^2X(s) - sx(-0) - \dot{x}(-0)$$

$$\vdots$$

$$x^{(n)}(t) \circ\!\!-\!\!\!-\!\!\!-\!\!\bullet \; s^nX(s) - s^{n-1}x(-0) - s^{n-2}\dot{x}(-0) - \ldots - x^{(n-1)}(-0)$$

Mit dem Differenziationssatz lassen sich lineare Differenzialgleichungen n-ter Ordnung in den s-Bildbereich transformieren. Unter der Annahme, dass die Anfangswerte Null sind, erhält man ein Polynom n-ter Ordnung.

Beispiel 3.8
Die gegebene Differenzialgleichung ist in den Bildbereich zu transformieren!

$$2\ddot{x}(t) + 3.5\dot{x}(t) - 2x(t) = 0 \qquad \dot{x}(0) = x(0) = 0$$

Lösung

$$\mathscr{L}\{2\ddot{x}(t) + 3.5\dot{x}(t) - 2x(t)\} = 2s^2X(s) + 3.5sX(s) - 2X(s) \qquad \dot{x}(0) = x(0) = 0$$

Beispiel 3.9
Für die gegebene Differenzialgleichung, ist die zugehörige Übertragungsfunktion $G(s)$ zu bestimmen!

$$\ddot{u}_a(t) + \dot{u}_a(t) = 10u_e(t) \qquad \dot{u}_a(0) = u_a(0) = 0$$

Lösung
Die Übertragungsfunktion erhält man durch Anwendung des Differenziationssatzes

$$\begin{aligned}
&\mathscr{L}\{\ddot{u}_a(t) + \dot{u}_a(t)\} = \mathscr{L}\{10u_e(t)\} \\
&\downarrow \\
&U_a(s)s^2 + U_a(s)s = 10U_e(s) \\
&\curvearrowright \quad G(s) = \frac{U_a(s)}{U_e(s)} = \frac{10}{s^2+s}.
\end{aligned}$$

6.) Anfangswertsatz

$$x(t) \circ\!\!-\!\!\!-\!\!\bullet\ X(s)$$

$$x(+0) \circ\!\!-\!\!\!-\!\!\bullet\ \lim_{s\to\infty} sX(s)$$

7.) Endwertsatz

$$x(t) \circ\!\!-\!\!\!-\!\!\bullet\ X(s)$$

$$x(\infty) \circ\!\!-\!\!\!-\!\!\bullet\ \lim_{s\to 0} sX(s)$$

Beispiel 3.10
Auf die gegebene Bildfunktion $X(s)$ ist der Anfangs-und Endwertsatz der Laplace-Transformation anzuwenden!

$$X(s) = \frac{8}{s(s+2)}$$

Lösung

$$x(0) = \lim_{s\to\infty} sX(s) = \lim_{s\to\infty} \cancel{s}\frac{8}{\cancel{s}(s+2)} = 0$$

$$x(\infty) = \lim_{s\to 0} sX(s) = \lim_{s\to 0} \cancel{s}\frac{8}{\cancel{s}(s+2)} = 4$$

3.2 Analyse zeitkontinuierlicher LTI-Systeme

Bisher haben wir lineare, zeitinvariante Systeme im Zeitbereich untersucht. Ein Eingangssignal $u_e(t)$ wird auf das LTI-System geschaltet, sodass man im Ergebnis ein Ausgangssignal, d. h. die Antwortfunktion $y(t)$ erhält (s. Abb.3.6). Die Antwortfunktion ist abhängig von der Art der Eingangsfunktion sowie den Anfangsbedingungen zum Zeitpunkt Null. Wir haben zwei spezielle Eingangsfunktionen kennengelernt:

a) die Einheitssprungfunktion $\sigma(t)$ und

b) die Delta-Funktion $\delta(t)$.

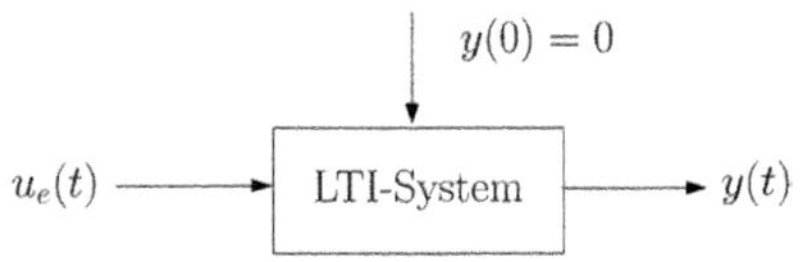

Abb. 3.6: LTI-System mit einem Ein-und Ausgang.

Die Antwort des Übertragungssystems:

a) auf einen Einheitssprung nennt man Übergangsfunktion $h(t)$ und

b) auf einen Delta-Impuls nennt man Gewichtsfunktion $g(t)$.

Wir hatten bereits erörtert, dass die mathematischen Modelle dynamischer LTI-Systeme im Zeitbereich linearen Differenzialgleichungen entsprechen. Um die Antwortfunktionen zu bestimmen, müssen die Differenzialgleichungen gelöst werden. Dies ist in der Regel keine triviale Aufgabe. Um diesen, oft langwierigen, Lösungs-Mechanismus zu vermeiden, kommt nun die Laplace-Transformation ins Spiel. Wir nehmen an, dass die systembeschreibende Differenzialgleichung bereits vorliegt. Das Verhältnis der Laplace-Transformierten der Ausgangs- zur Eingangsgröße ergibt die systembeschreibende Übertragungsfunktion $G(s)$.

$$G(s) = \frac{\mathscr{L}\{y(t)\}}{\mathscr{L}\{u_e(t)\}} = \left.\frac{Y(s)}{U_e(s)}\right|_{anfangswerte=0} \tag{3.10}$$

Ein LTI-System lässt sich im Bildbereich durch einen multiplikativen Operator $G(s)$, der im mathematischen Sinne einer gebrochen-rationalen Funktion entspricht, beschreiben. Für die Ausgangsgröße $Y(s)$ eines LTI-Systems erhält man

$$Y(s) = G(s)U_e(s). \tag{3.11}$$

Beispiel 3.11

$$2\dot{u}_a(t) + 4u_a(t) = 2u_e(t) \qquad u_a(0) = 0$$

Für die systembeschreibende Differenzialgleichung ist

a) die zugehörige Übertragungsfunktion $G(s)$ und

b) die Antwortfunktion $y(t)$ auf einen Einheitssprung zu bestimmen!

Lösung a)
Für die Übertragungsfunktion erhält man

$$\begin{aligned}
&\mathscr{L}\{2\dot{u}_a(t) + 4u_a(t)\} = \mathscr{L}\{2u_e(t)\} \\
&\qquad\qquad\downarrow \\
&2sU_a(s) + 4U_a(s) = 2U_e(s) \\
&\curvearrowright G(s) = \frac{U_a(s)}{U_e(s)} = \frac{1}{s+2}.
\end{aligned}$$

Lösung b)
Für die Ausgangsfunktion gilt

$$\begin{aligned}
U_a(s) &= G(s)U_e(s) \\
&= \frac{1}{s+2}\frac{1}{s}.
\end{aligned} \tag{3.12}$$

Die „Rücktransformation" (s. Tab.3.1, Zeile 12) in den Zeitbereich ergibt die Antwortfunktion

$$u_a(t) = 0.5\left(1 - e^{-2t}\right).$$

Im strengen mathematischen Sinn, entspricht die Übertragungsfunktion $G(s)$ im Bildbereich der Gewichtsfunktion $g(t)$ im Zeitbereich:

$$g(t) = \mathscr{L}^{-1}\{G(s)\} \tag{3.13}$$
$$G(s) = \mathscr{L}\{g(t)\}. \tag{3.14}$$

An dieser Stelle könnte man die Frage stellen: Gibt es einen mathematischen Zusammenhang zwischen der Übergangsfunktion $h(t)$ und der Übertragungsfunktion $G(s)$? Wir hatten bereits erörtert (s. Kapitel 1), dass es einen mathematischen Zusammenhang zwischen Gewichts- und Übergangsfunktion gibt:

$$g(t) = \frac{dh(t)}{dt}. \tag{3.15}$$

Eine Schlussfolgerung, die man nun ziehen kann, ist, dass die Laplace-Transformation der zeitlichen Ableitung der Übergangsfunktion $h(t)$ unmittelbar die Übertragungsfunktion $G(s)$ ergibt

$$G(s) = \mathscr{L}\left\{\frac{dh(t)}{dt}\right\}. \tag{3.16}$$

Beispiel 3.12
Gegeben ist die Übertragungsfunktion eines beliebigen technischen Prozesses.

$$G(s) = \frac{2}{s+3}$$

a) Wie lautet die Gewichtsfunktion $g(t)$?

b) Ermitteln Sie die Übergangsfunktion $h(t)$?

Lösung a)
Für die Gewichtsfunktion gilt

$$\begin{aligned} g(t) &= \mathscr{L}^{-1}\{G(s)\} \\ &= \mathscr{L}^{-1}\left\{\frac{2}{s+3}\right\} \end{aligned}$$

Unter Verwendung der Tab.3.1 (Zeile 5) erhält man für die Gewichtsfunktion

$$g(t) = 2e^{-3t}.$$

Lösung b)
Unter Berücksichtigung von (3.16) ergibt die Integration der Gewichtsfunktion die Übergangsfunktion

$$\begin{aligned} h(t) &= \int_0^t g(\tau)d\tau \\ &= -\frac{2}{3}e^{-3t}\Big|_0^t \\ &= -\frac{2}{3}e^{-3t}. \end{aligned}$$

Beispiel 3.13
Gegeben ist die Übergangsfunktion eines beliebigen technischen Prozesses.

$$h(t) = 2t + sin(2t)$$

a) Ermitteln Sie die Übertragungsfunktion $G(s)$?

Lösung a)
Die zeitliche Ableitung der Übergangsfunktion ergibt die Gewichtsfunktion

$$g(t) = \frac{dh(t)}{dt} = 2 + 2cos(2t).$$

Unter Verwendung der Tab.3.1 (Zeile 8) erhält man die Übertragungsfunktion

$$G(s) = \frac{2}{s} + \frac{2s}{s^2+4}.$$

Die im vorherigen Abschnitt skizzierten Rechenregeln der Laplace-Transformation erweisen sich im Besonderen bei der Analyse linearer, zeitinvarianter Systeme als sehr nützlich. Ein Beispiel soll diese Aussage stützen. Wenden wir uns noch einmal dem Beispiel (2.2) zu. Die Aufgabe bestand darin, für ein elektrisches Netzwerk das mathematische Modell aufzustellen. Im Ergebnis erhielten wir eine Differenzialgleichung, die das dynamische Verhalten zwischen Ein-und Ausgangsgröße beschreibt. Wir wollen nun diese Aufgabe auf einem anderem Weg lösen und wählen im Folgenden den Bildbereich als Ausgangspunkt der Untersuchungen.

Tab. 3.2: Korrespondenztabelle der elektrischen Bauelemente Widerstand R, Spule L und Kondensator C.

	$x(t)$	$\mathscr{L}\{x(t)\}$
1	$u_R(t) = Ri(t)$	$U_R(s) = RI(s) \frown X_R = R$
2	$u_L(t) = L\frac{di(t)}{dt}$	$U_L(s) = LI(s)s \frown X_L = Ls$
3	$u_c(t) = \frac{1}{C}\int i(\tau)d\tau$	$U_c(s) = \frac{1}{Cs}I(s) \frown X_c = \frac{1}{Cs}$

Beispiel 3.14
Für das in der Abb.3.7 dargestellte RLC-Netzwerk ist die Differenzialgleichung anzugeben!
Hinweis: Nutzen Sie für die Lösung der Aufgabe den Bildbereich!

Lösung
Für die passiven Bauelemente (R, L, C) im Zeitbereich existieren Korrespondenzen im Bildbereich (s. Tab. 3.2). Mithilfe der Verwendung der Spannungsteilerregel ergibt sich für das Verhältnis von Ausgangs- und Eingangsspannung

$$\frac{U_a(s)}{U_e(s)} = \frac{X_c}{X_R + X_L + X_c} = \frac{\frac{1}{Cs}}{R + LC + \frac{1}{Cs}} = \frac{1}{LCs^2 + RCs + 1}. \tag{3.17}$$

Durch Umformen von (3.17) erhält man

$$U_a(s)[LCs^2 + RCs + 1] = U_e(s). \tag{3.18}$$

Die Anwendung des Differenziationssatzes führt auf

$$\ddot{u}_a(t)LC + \dot{u}_a(t)RC + u_a(t) = u_e(t). \tag{3.19}$$

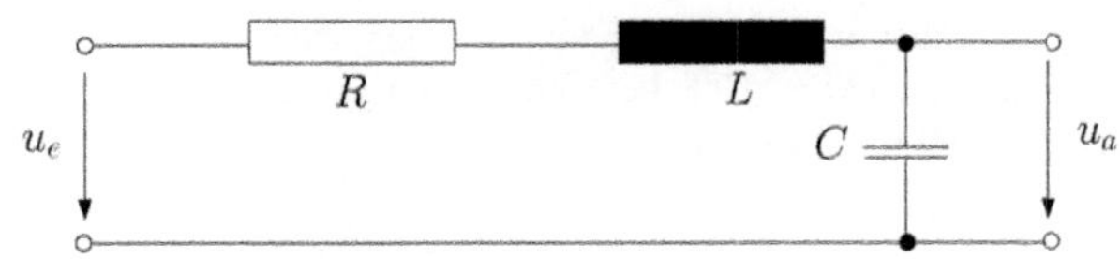

Abb. 3.7: System mit Speicherelementen. Netzwerk mit drei passiven Bauelementen: Widerstand R, Spule L, Kondensator C.

Im Vergleich zur aufwendigen Lösung im Beispiel (2.2) ist die Bearbeitung der Aufgabenstellung im obigen Beispiel relativ trivial. Doch Vorsicht, dies muss nicht in jedem Fall so sein! Als Ingenieur oder Ingenieurin sollte man gut abwägen, welche Methode der analytischen Modellbildung technischer Probleme gewählt wird. Mit der Laplace-Transformation halten wir lediglich ein weiteres Hilfsmittel in den Händen, mit dem man Probleme in der Systemtheorie lösen kann. Eine übersichtliche Darstellung des Zusammenhangs zwischen einem System im Zeitbereich und im Bildbereich finden Sie in der Abb.3.8. Die Gültigkeit dieser Darstellung setzt allerdings voraus, dass alle Anfangswerte Null sind: $u_a(0) = \dot{u}_a(0) = \ddot{u}_a(0), \ldots, u_a^n(0) = 0$.

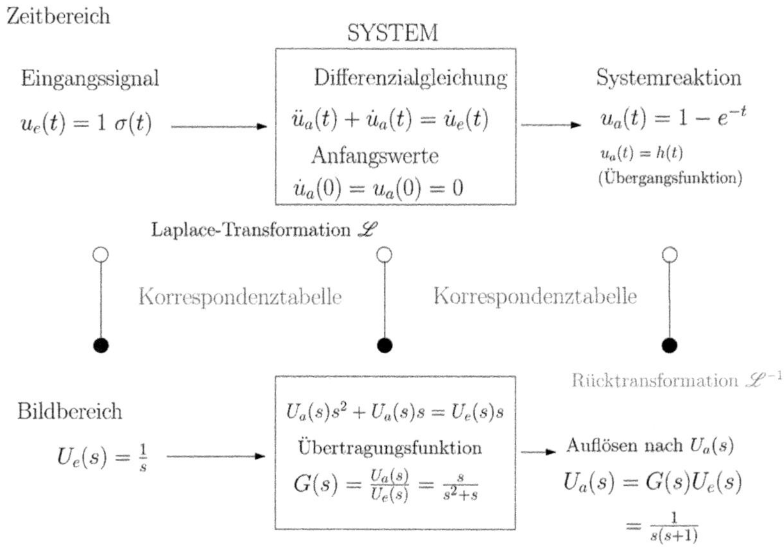

Abb. 3.8: Zusammenhang zwischen LTI-System und Übertragungsfunktion $G(s)$.

3.3 Zusammenhang zwischen Zustandsraummodell und Übertragungsfunktion

In diesem Abschnitt wollen wir kurz skizzieren, wie man aus einem gegebenen Zustandsraummodell die Übertragungsfunktion $G(s)$ berechnen kann. Ausgangspunkt der Betrachtungen sei das Zustandsraummodell für ein Mehrgrößensystem

$$\dot{\underline{x}}(t) = A\underline{x}(t) + B\underline{u}(t) \tag{3.20}$$

$$\underline{u}_a(t) = C\underline{x}(t) + D\underline{u}(t). \tag{3.21}$$

In einem ersten Schritt transformieren wir die Vektordifferenzialgleichung (3.20) und die Ausgangsgleichung (3.21) in den Bildbereich.

$$X(s)s = AX(s) + BU(s) \tag{3.22}$$

$$Y(s) = CX(s) + DU(s) \tag{3.23}$$

Die Gleichung (3.22) wird nach $X(s)$ umgestellt

$$X(s) = [sI - A]^{-1}BU(s). \tag{3.24}$$

Die Bildvariable $X(s)$ wird in die Gleichung (3.23) eingesetzt

$$Y(s) = C[sI - A]^{-1}BU(s) + DU(s). \tag{3.25}$$

Für die *Übertragungsfunktion* erhält man

$$G(s) = \frac{Y(s)}{U(s)} \quad = \quad C[sI-A]^{-1}B+D. \tag{3.26}$$

Für ein Eingrößensystem gilt in Analogie

$$G(s) = \frac{Y(s)}{U(s)} \quad = \quad c^T[sI-A]^{-1}b+d. \tag{3.27}$$

Beispiel 3.15
Gegeben ist ein System in Zustandsraumdarstellung

$$\begin{aligned} \dot{\underline{x}}(t) &= \begin{pmatrix} 0 & 2 \\ -1 & -3 \end{pmatrix} \underline{x}(t) + \begin{pmatrix} 0 \\ 1 \end{pmatrix} u_e(t) \\ u_a(t) &= \begin{pmatrix} -1 & -3 \end{pmatrix} \underline{x}(t) + u_e(t). \end{aligned}$$

a) Bestimmen Sie die Eigenwerte des Systems!
b) Entwickeln Sie die Übertragungsfunktion!
c) Bestimmen Sie die Pol- und Nullstellen!

Lösung a)
Die Eigenwerte λ_i erhält man aus der Determinante

$$det[\lambda I - A] = 0$$

$$det[\lambda I - A] \quad = \quad \begin{pmatrix} \lambda & 2 \\ -1 & \lambda+3 \end{pmatrix} = 0.$$

Die Determinante einer $2x2$-Matrix ergibt eine quadratische Gleichung

$$\lambda^2 + 3\lambda + 2 = 0.$$

Die Lösungen der quadratischen Gleichung sind

$\lambda_1 = -2$ und $\lambda_1 = -1$.

Lösung b)

$$G(s) \quad = \quad \begin{pmatrix} -1 & -3 \end{pmatrix} \begin{pmatrix} s & -2 \\ 1 & s+3 \end{pmatrix}^{-1} \begin{pmatrix} 0 \\ 1 \end{pmatrix} + 1$$

$$G(s) \quad = \quad \frac{s^2}{s^2+3s+2}$$

Lösung c)
Zählerpolynom: $s_N^2 = 0 \curvearrowright s_{N1} = s_{N2} =$ (doppelte Nullstelle)
Nennerpolynom: $s_p^2 + 3s_p + 2 = \curvearrowright s_{p1} = -2$, $s_{p2} = -1$ (zwei reelle Polstellen)

3.4 Verknüpfung von Übertragungsfunktionen

Wir haben bereits ausgeführt, dass sich LTI-Systeme als Übertragungsfunktionen darstellen lassen. In der System- und Regelungstheorie werden diese Übertragungsfunktionen auch **lineare Übertragungsglieder** genannt. Bei der Einführung in den „Systembegriff" wurde betont, dass ein System aus einer Menge von Elementen besteht, die durch gegenseitige Kopplungen miteinander verbunden sind. Diese Elemente stellen im Bildbereich die Übertragungsglieder $G(s)$ dar. Aufgrund der mathematischen Grundoperationen (Addition, Subtraktion, Multiplikation und Division) im Bildbereich, lassen sich die oft komplexen Kopplungen zwischen diesen Übertragungsgliedern relativ einfach beschreiben. Im Ergebnis solch einer Analyse erhält man die Gesamtübertragungsfunktion $G_{gesamt}(s)$. Im Folgenden wollen wir drei klassische Kopplungsarten zwischen den Übertragungsgliedern untersuchen.

Reihenschaltung:
In der Abb.3.9 ist eine Reihenschaltung von N Übertragungsliedern $G_i(s)$ dargestellt. Die Gesamtübertragungsfunktion ermittelt man durch einfache Produktbildung der N Übertragungsglieder.

$$G_{gesamt}(s) = \prod_{i=1}^{N} G_i(s) \tag{3.28}$$

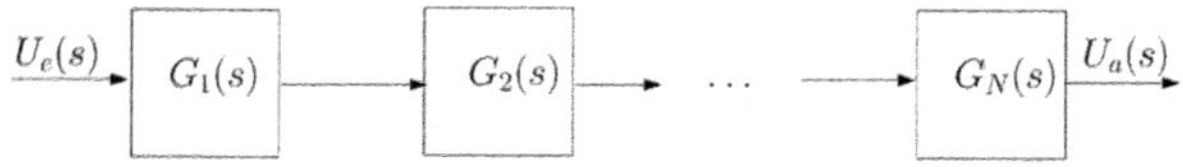

Abb. 3.9: Reihenschaltung.

Parallelschaltung:
Bei einer Parallelschaltung (s. Abb.3.10) von N Übertragungsliedern $G_i(s)$ ergibt sich die Gesamtübertragungsfunktion durch Addition bzw. Subtraktion der N Übertragungsglieder.

$$G_{gesamt}(s) = \pm G_1(s) \pm G_2(s), \ldots, \pm G_N(s) \tag{3.29}$$

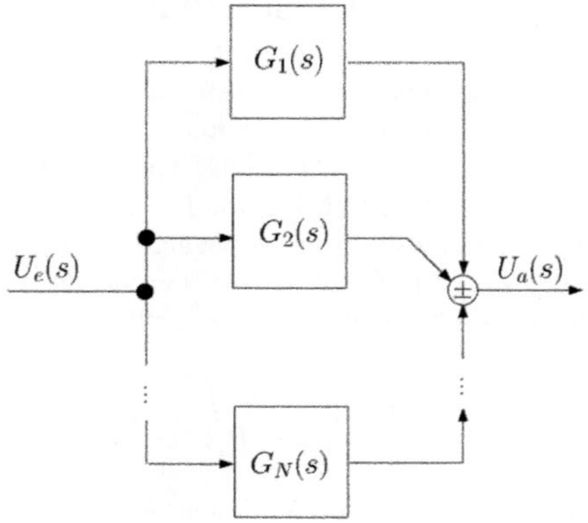

Abb. 3.10: Parallelschaltung.

Rückkopplung:
Bei einer Rückkopplungsstruktur erhält man die Gesamtübertragungsfunktion durch „Aufschneiden" des Kreises am Ausgang $U_a(s)$ (s. Abb.3.11)

$$U_a(s) = G_1(s)e(s) \tag{3.30}$$
$$= G_1(s)[U_e(s) - G_2(s)U_a(s)] \tag{3.31}$$
$$U_a(s)[1 + G_1(s)G_2(s)] = G_1(s)U_e(s). \tag{3.32}$$

Aus der Gleichung (3.32) erhält man die Übertragungsfunktion des rückgekoppelten Systems

$$G_{gesamt}(s) = \frac{U_a(s)}{U_e(s)} = \frac{G_1(s)}{1 + G_1(s)G_2(s)}. \tag{3.33}$$

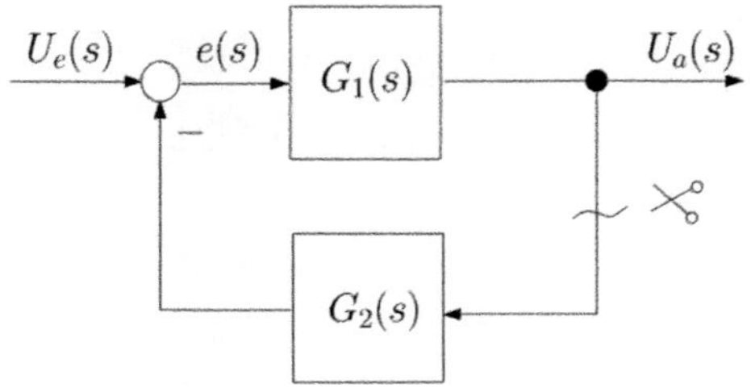

Abb. 3.11: Rückkopplung.

3.5 Die inverse Laplace-Transformation

Die **inverse Laplace-Transformation** (Rücktransformation) löst die Aufgabe, zu einer gegebenen Bildfunktion $X(s)$ die zugehörige Zeitfunktion zu bestimmen [Kor97]. Wir haben bereits erörtert, dass man aus der Übertragungsfunktion $G(s)$ durch „Rücktransformation" die Gewichtsfunktion $g(t)$ gewinnt. Im Beispiel (3.13) haben wir die Rücktransformation bereits durchführen müssen und nutzten trivialerweise die Korrespondenztabelle (s. Tab.3.1). Ohne Zweifel, eine Möglichkeit! Eine mathematisch „saubere" Vorschrift für die **inverse Laplace-Transformation** ist durch die **Riemann-Mellinsche Formel** gegeben [Jör95, GRS07]

$$x(t) = \mathscr{L}^{-1}\{X(s)\} = \frac{1}{2\pi j}\int_{\delta-j\omega}^{\delta+j\infty} X(s)e^{st}\,ds = \sum_{p=1}^{N} R_p. \tag{3.34}$$

Für den Fall mehrfacher Pole s_{p_i} gilt für die **Residuen**[5] R_p [GRS07]

$$R_p = \lim_{s\to s_p} \frac{1}{(n-1)!}\frac{d^{(n-1)}}{ds^{(n-1)}}\left[X(s)e^{st}(s-s_p)^n\right]. \tag{3.35}$$

Das folgende Beispiel wird uns helfen, zu verstehen, wie man die Residuen und somit die Zeitfunktion bestimmt.

Beispiel 3.16
Für die gegebene Laplace-Transformierte,

$$X(s) = \frac{2}{(s+3)(s-1)^2}$$

ist unter Anwendung von (3.35) ihre Zeitfunktion $x(t)$ zu bestimmen!

Lösung
Die Bildfunktion $X(s)$ hat einen einfachen Pol bei $s_1 = -3$ und einen doppelten Pol bei $s_{2,3} = 1$. Für die Rücktransformation in den Zeitbereich, sind die beiden Residuen zu berechnen.

$$x(t) = \mathscr{L}^{-1}\{X(s)\} = R_1 + R_{2,3}$$

Für das Residuum R_1 erhält man

$$\begin{aligned} R_1 &= \lim_{s\to -3}\left[X(s)e^{st}(s+3)\right] \\ &= \lim_{s\to -3}\left[\frac{2\cancel{(s+3)}}{\cancel{(s+3)}(s-1)^2}e^{st}\right] \\ &= \frac{2}{16}e^{-3t} \\ &= \frac{1}{8}e^{-3t}. \end{aligned}$$

[5] Ist die Pluralform von *Residuum*. Der Begriff Residuum kommt aus dem Lateinischen und bedeutet in etwa „das Zurückgebliebene". N ist die Anzahl der Pole und n gibt an wie oft ein Pol s_p auftritt.

Für das Residuum $R_{2,3}$ gilt

$$\begin{aligned} R_{2,3} &= \lim_{s\to 1} \frac{1}{(1-1)!}\frac{d}{ds}\left[X(s)e^{st}(s-1)^2\right] \\ &= \lim_{s\to 1}\frac{d}{ds}\left[\frac{2(s-1)^2}{(s+3)(s-1)^2}e^{st}\right]. \end{aligned}$$

Wir wollen für die Lösung von $\frac{d}{ds}\left[\frac{2}{(s+3)}e^{st}\right]$ die Quotientenregel anwenden.

$$f' = \frac{u'v - uv'}{v^2}$$

$$\begin{aligned} u &= 2e^{st} \qquad & u' &= 2te^{st} \\ v &= s+3 \qquad & v' &= 1 \end{aligned}$$

Für die Ableitung nach s erhält man somit

$$\frac{d}{ds}\left[\frac{2e^{st}}{(s+3)}\right] = \frac{2te^{st}(s+3) - 2e^{st}}{(s+3)^2}.$$

Damit gilt für $R_{2,3}$

$$\begin{aligned} R_{2,3} &= \lim_{s\to 1}\left[\frac{2te^{st}(s+3) - 2e^{st}}{(s+3)^2}\right] \\ &= \frac{8te^t}{16} - \frac{2e^t}{16} \\ &= \frac{te^t}{2} - \frac{1}{8}e^t. \end{aligned}$$

Für die Zeitfunktion $x(t)$ erhält man

$$\begin{aligned} x(t) &= \mathscr{L}^{-1}\{X(s)\} \\ &= = R_1 + R_{2,3} \\ &= \frac{1}{8}e^{-3t} + \frac{te^t}{2} - \frac{1}{8}e^t. \end{aligned}$$

In der Praxis spielt die Anwendung von (3.34) und (3.35) eher eine untergeordnete Rolle. Aus diesem Grund, wollen wir im Folgenden die Laplace-Rücktransformation mithilfe

a) der **Korrespondenztabelle** und

b) der **Partialbruchzerlegung**

durchführen. Steht man vor der Aufgabe „*inverse Laplace-Transformation*“, wird man sicher die Verwendung der Korrespondenztabelle in Erwägung ziehen. In diesem Fall sollte man berücksichtigen, dass bei der vorhandenen Vielfalt unterschiedlicher Bildfunktionen $X(s)$, sich die Suche nach den entsprechenden Korrespondenzen im Zeitbereich als sehr schwierig gestalten kann. Es kommt nicht selten vor, dass man keine Korrespondenz in den einschlägigen Tabellen findet! Sollte dies der Fall sein, ist es zweckmäßig, die Transformation unter Verwendung der **Partialbruchzerlegung** und der **Korrespondenztabelle** zu „erledigen“. Ausgangspunkt der Partialbruchzerlegung ist die Bild- bzw. Übertragungsfunktion

$$X(s) = \frac{X_a(s)}{X_e(s)} = \frac{b_0 + b_1 s + \ldots + b_{m-1}s^{m-1} + b_m s^m}{a_0 + a_1 s + \ldots + a_{n-1}s^{n-1} + a_n s^n} = \frac{Z(s)}{N(s)} \qquad n \geq m. \tag{3.36}$$

Die Methode der **Partialbruchzerlegung** umfasst zwei Schritte [Kor97]:

1.) Durchführung der **Partialbruchzerlegung**

2.) Durchführen des **eigentlichen Rücktransformationsschrittes**, wofür nur wenige elementare Grundkorrespondenzen benötigt werden.

Bei dieser Methode wird zunächst die Bildfunktion mithilfe der Partialbruchzerlegung in einzelne Terme zerlegt. Diese Terme stellen elementare Bildfunktionen dar. Die Bildfunktionen lassen sich dann mithilfe der Korrespondenztabellen in den Zeitbereich transformieren. Um mit der Partialbruchzerlegung beginnen zu können, sind in einem ersten Schritt die **Pole** der gebrochen rationalen Funktion zu ermitteln. Die **Pole** einer gebrochen rationalen Funktion sind die **Nullstellen** ihres Nennerpolynoms:

$$N(s) = a_n s^n + a_{n-1} s^{n-1} + \ldots + a_1 s + a_0 = 0. \quad (3.37)$$

Nach dem **Fundamentalsatz der linearen Algebra** [BS77] hat ein Polynom $n-$ten Grades mit reellen Koeffizienten a_i genau n Nullstellen und diese können

- reell und/oder konjugiert
- einfach und/oder mehrfach

sein [Kor97]. Wir werden nun 4 Fälle im Detail untersuchen und für diese - flankiert durch Beispiele - die Partialbruchzerlegung durchführen.

Fall 1: $X(s)$ hat einfache reelle Pole [Kor97]

Ansatz:

$$X(s) = \frac{Z(s)}{(s-p_1)(s-p_2)\ldots(s-p_n)} \qquad m \leq n \quad (3.38)$$

$$= \frac{C_1}{s-p_1} + \frac{C_2}{s-p_2} + \ldots + \frac{C_n}{s-p_n} \quad (3.39)$$

Beispiel 3.17

$$X(s) = \frac{2s^2+9s-11}{(s-2)(s+1)(s+3)}$$

$$\frac{2s^2+9s-11}{(s-2)(s+1)(s+3)} = \frac{C_1}{s-2} + \frac{C_2}{s+1} + \frac{C_3}{s+3}$$

$$\begin{aligned} 2s^2+9s-11 &= C_1(s+1)(s+3) + C_2(s-2)(s+3) + C_3(s-2)(s+1) \\ &= (C_1+C_2+C_3)s^2 + (4C_1+C_2-C_3)s + (3C_1-6C_2-2C_3) \end{aligned}$$

Der Koeffizientenvergleich liefert $C_1 = 1$, $C_2 = 3$ und $C_3 = -2$.

$$X(s) = \frac{1}{(s-2)} + \frac{3}{(s+1)} - \frac{2}{(s+3)}$$

Dieser Weg ist etwas mühsam. Folgende Berechnungsvorschrift für die Partialbruchkoeffizienten C_i führt einfacher zum Ziel

$$C_i = [(s-p_i)X(s)]_{s=p_i}. \quad (3.40)$$

$$
\begin{aligned}
C_1 &= [(s-2)X(s)]_{s=2} = \left.\frac{2s^2+9s-11}{(s+1)(s+3)}\right|_{s=2} = \frac{15}{15} = 1 \\
C_2 &= [(s+1)X(s)]_{s=-1} = \left.\frac{2s^2+9s-11}{(s-2)(s+3)}\right|_{s=-1} = \frac{-18}{-6} = 3 \\
C_3 &= [(s+3)X(s)]_{s=-3} = \left.\frac{2s^2+9s-11}{(s-2)(s+1)}\right|_{s=-3} = \frac{-20}{10} = -2
\end{aligned}
$$

Fall 2: $X(s)$ hat mehrfache reelle Pole p_i [Kor97]

Ansatz:

$$
X(s) = \frac{Z(s)}{(s-p_1)(s-p_2)\dots(s-p_i)^{r_i}} \qquad m \leq n \tag{3.41}
$$

$$
= \frac{C_1}{s-p_1} + \frac{C_2}{s-p_2} + \dots + \frac{C_{i1}}{s-p_i} + \frac{C_{i2}}{(s-p_i)^2} + \dots + \frac{C_{ir}}{(s-p_i)^{r_i}} \tag{3.42}
$$

Beispiel 3.18

$$
X(s) = \frac{4s^3+16s^2+23s+13}{(s+1)^3(s+2)} \qquad m=3 \quad n=4
$$

$X(s)$ hat einen 3-fachen Pol bei $s=-1$ und einen einfachen Pol bei $s=-2$

Ansatz:

$$
X(s) = \frac{C_{11}}{s+1} + \frac{C_{12}}{(s+1)^2} + \frac{C_{13}}{(s+1)^3} + \frac{C_4}{s+2}
$$

Bestimmung von C_4:

$$
C_4 = [(s+2)X(s)]_{s=-2} = \left.\frac{4s^3+16s^2+23s+13}{(s+1)^3}\right|_{s=-2} = 1.
$$

Die Bestimmung von C_{13} erfolgt, indem man einfach einen Wert für den Pol s annimmt. In unserem Fall wählen wir für den Pol $s=-1$.

$$
C_{13} = \left[(s+1)^3 X(s)\right]_{s=-1} = \left.\frac{4s^3+16s^2+23s+13}{(s+2)}\right|_{s=-1} = 2
$$

Bestimmung von C_{11}: Die Gleichung wird zunächst mit s multipliziert und dann die höchste Potenz von s ausgeklammert.

$$
\frac{4s^4+16s^3+23s^2+13s}{(1+s)^3(s+2)} = \frac{C_{11}s}{s+1} + \frac{C_{12}s}{(s+1)^2} + \frac{2s}{(s+1)^3} + \frac{s}{(s+2)}
$$

$$
\frac{4+\frac{16}{s}+\frac{23}{s^2}+\frac{13}{s^3}}{(1/s+1)^3(1+2/s)} = \frac{C_{11}}{1+1/s} + \frac{C_{12}}{s(1+1/s)} + \frac{2}{s^2(1+1/s)} + \frac{1}{(1+2/s)}
$$

Für $s \to \infty$ erhält man

$$
\begin{aligned}
4 &= C_{11}+0+0+1 \\
C_{11} &= 3.
\end{aligned}
$$

Damit erhält man als Zwischenergebnis

$$\frac{4s^3+16s^2+23s+13}{(1+s)^3(s+2)} = \frac{3}{s+1}+\frac{C_{12}}{(s+1)^2}+\frac{2}{(s+1)^2}+\frac{1}{s+2}.$$

Für $s=0$ ergibt sich

$$\begin{aligned}\frac{13}{2} &= 3+C_{12}+2+0.5\\ C_{12} &= 1.\end{aligned}$$

Damit erhält man für den Ansatz

$$\begin{aligned}X(s) &= \frac{3}{s+1}+\frac{1}{(s+1)^2}+\frac{2}{(s+1)^3}+\frac{1}{s+2}\\ x(t) &= 3e^{-t}+te^{-t}+t^2e^{-t}+e^{-2t}.\end{aligned}$$

Fall 3: $X(s)$ hat ein konjugiert-komplexes Polpaar [Kor97]

Die Bildfunktion $X(s)$ hat ein *konjugiert-komplexes Polpaar*

$$\begin{aligned}p_i &= \delta_i + j\omega_i\\ p_{i+1} &= \delta_i - j\omega_i.\end{aligned}$$

Die Partialbruchkoeffizienten sind gleichfalls konjugiert komplex

$$X(s) = \ldots + \frac{C_i}{s-(\delta_i+j\omega_i)} + \frac{C_{i+1}}{s-(\delta_i-j\omega_i)}\cdots \tag{3.43}$$

Ansatz:

$$C_i = [(s-p_i)X(s)]_{s=\delta_i+j\omega_i} \tag{3.44}$$

$$C_{i+1} = [(s-p_{i+1})X(s)]_{s=\delta_i-j\omega_i} \tag{3.45}$$

Beispiel 3.19
Bestimmen Sie für die Laplace-Transformierte $X(s)$ die Zeitfunktion $x(t)$!

$$X(s) = \frac{s}{s^2+2s+2}$$

Lösung
Pole: $p_{1,2}=-1\pm j$

Ansatz:

$$X(s) = \frac{C_1}{s-(-1+j)}+\frac{C_2}{s-(-1-j)}\cdots$$

Bestimmung von C_1:

$$\begin{aligned}C_1 &= \{[s-(-1+j)]X(s)\}_{s=-1+j}\\ &= \left[\frac{s}{s-(-1-j)}\right]_{s=-1+j} = \frac{-1+j}{-1+j+1+j}\\ &= \frac{-1+j}{2j} = \frac{1}{2}+\frac{1}{2}j.\end{aligned}$$

Bestimmung von C_2: Der Koeffizient ist die konjugiert komplexe von C_1, d. h. $C_2 = \bar{C}_1 = \frac{1}{2} - \frac{1}{2}j$.

$$X(s) = \frac{1/2+1/2j}{s-(-1+j)} + \frac{1/2-1/2j}{s-(-1-j)}$$

Die Rücktransformation unter Verwendung der Tab.3.1 ergibt

$$\begin{aligned} x(t) &= \left(\frac{1}{2}+\frac{1}{2}j\right)e^{(-1+j)t} + \left(\frac{1}{2}-\frac{1}{2}j\right)e^{(-1-j)t} \\ &= e^{-t}\left\{\frac{1}{2}(e^{jt}+e^{-jt}) + \frac{1}{2}(e^{jt}-e^{-jt})\right\} \\ &= e^{-t}(\cos t - \sin t). \end{aligned}$$

Fall 4: $X(s)$ hat ein konjugiert-komplexes Polpaar und reelle verschiedene Pole [Kor97]

$$X(s) = \frac{Z(s)}{[(s-\delta)^2+\omega^2](s-p_3)(s-p_4)\dots(s-p_n)} \tag{3.46}$$

Ansatz:

$$X(s) = \underbrace{\frac{As+B}{[(s-\delta)^2+\omega^2]}}_{Q(s)} + \frac{C_3}{s-p_3} + \frac{C_4}{s-p_4} + \dots + \frac{C_n}{s-p_n} \tag{3.47}$$

$$Q(s) = \frac{As+B}{[(s-\delta)^2+\omega^2]} = k_1\frac{s-\delta}{(s-\delta)^2+\omega^2} + k_2\frac{\omega}{(s-\delta)^2+\omega^2} \tag{3.48}$$

Die Rücktransformation führt auf

$$q(t) = k_1 e^{\delta t}\cos\,\omega t + k_2 e^{\delta t}\sin\,\omega t \tag{3.49}$$

mit $k_1 = A$ und $k_2 = \frac{B+A\delta}{\omega}$.

Beispiel 3.20
Bestimmen Sie für die Laplace-Transformierte $X(s)$ die Zeitfunktion $x(t)$!

$$X(s) = \frac{s^2-2s+1}{s^3+3s^2+4s+2}$$

Lösung
Pole: $s^3+3s^2+4s+2=0$

$$\begin{aligned} p_{1,2} &= -1 \pm j \qquad (\delta=-1, \omega=1) \\ p_3 &= -1 \end{aligned}$$

$$(s-p_1)(s-p_2) = (s+1)^2+1$$

Ansatz:

$$X(s) = \frac{As+B}{(s+1)^2+1} + \frac{C_3}{s+1}$$

$$C_3 = [(s+1)X(s)]_{s=-1} = \frac{\cancel{(s+1)}(s^2-2s+1)}{((s+1)^2+1)\cancel{(s+1)}} = 4$$

Bestimmung von A und B:

$$\begin{aligned}\frac{s^2-2s+1}{s^3+3s^2+4s+2} &= \frac{As+B}{(s+1)^2+1}+\frac{4}{s+1}\\ &= \frac{(A+4)s^2+(A+B+8)s+B+8}{s^3+3s^2+4s+2}\end{aligned}$$

Der Koeffizientenvergleich in den Zählerpolynomen liefert $A = -3$ und $B = -7$. Die „Zerlegung" von $Q(s)$ ergibt mit $k_1 = A = -3$ und $k_2 = \frac{B+A\delta}{\omega} = \frac{-7+3}{1} = -4$

$$Q(s) = \frac{-3s-7}{(s+1)^2+1} = k_1\frac{s+1}{(s+1)^2+1} + k_2\frac{1}{(s+1)^2+1}.$$

Damit erhält man für den Ansatz

$$X(s) = -3\frac{s+1}{(s+1)^2+1} - 4\frac{1}{(s+1)^2+1} + \frac{4}{s+1}.$$

Die Anwendung der Korrespondenzen (Tab. (3.1), Zeile 16,17,5) ergibt die gesuchte Zeitfunktion

$$x(t) = -3e^{-t}\cos t - 4e^{-t}\sin t + 4e^{-t}.$$

3.6 Aufgaben

Aufgabe 3.1
Berechnen Sie die Laplace-Transformierte $X(s)$ mithilfe von

$$X(s) = \int_0^\infty x(t)e^{-st}\,dt$$

für folgende Funktionen

$$a) \quad x(t) = e^{-2t}$$
$$b) \quad x(t) = te^{-2t}$$
$$c) \quad x(t) = cos(\omega\, t).$$

Aufgabe 3.2
Berechnen Sie die Laplace-Transformierte $U_a(s)$ mithilfe des Differenziationssatzes!

a) $\ddot{u}_a(t) + 2\dot{u}_a(t) + 2u_a(t) = 2u_e(t)$ für $u_a(0) = 0$, $\dot{u}_a(0) = 0$ und $u_e(t) = 1\sigma(t)$
b) $\ddot{u}_a(t) + 2\dot{u}_a(t) + 2u_a(t) = 2u_e(t)$ für $u_a(0) = 1$, $\dot{u}_a(0) = 1$ und $u_e(t) = 1\sigma(t)$

Aufgabe 3.3
Gegeben ist folgende Bildfunktion.

$$X(s) = \frac{0.4s + 1}{s(0.4s - 1)}$$

a) Bestimmen Sie die Pol-und Nullstellen und stellen sie diese im PN-Diagramm (komplexe s-Ebene) grafisch dar!

Aufgabe 3.4

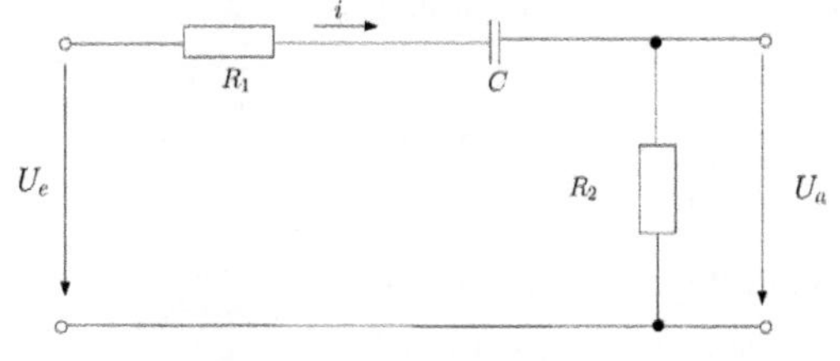

a) Geben Sie die Übertragungsfunktion $G(s) = \frac{U_a(s)}{U_e(s)}$ für das elektrische Netzwerk an!
b) Überführen Sie die Übertragungsfunktion in den Zeitbereich!

Aufgabe 3.5

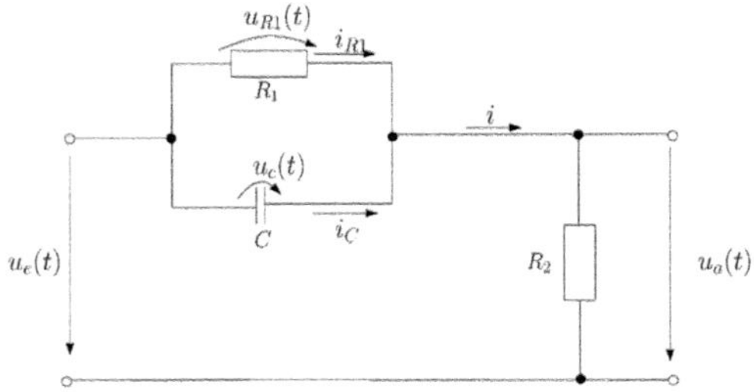

a) Geben Sie die Übertragungsfunktion $G(s) = \frac{U_a(s)}{U_e(s)}$ für das elektrische Netzwerk an!

b) Überführen Sie die Übertragungsfunktion in den Zeitbereich!

Aufgabe 3.6
Gegeben sind folgende Bildfunktionen

$$a) \quad X(s) = \frac{(s+2)}{(s+1)(s+3)}$$

$$b) \quad X(s) = \frac{4}{s(s+2)^2}$$

$$c) \quad X(s) = \frac{2}{(s^2+4s+8)}.$$

Bestimmen Sie für die Bildfunktionen mithilfe der Partialbruchzerlegung und unter Verwendung der Laplace-Korrespondenztabelle $x(t)$! Bestimmen Sie darüber hinaus $x(t=0)$ und $x(t=\infty)$!

Aufgabe 3.7
Gegeben ist ein System in Zustandsraumdarstellung.

$$\begin{aligned} \underline{\dot{x}}(t) &= \begin{pmatrix} 1 & 4 \\ 3 & 5 \end{pmatrix} \underline{x}(t) + \begin{pmatrix} 2 \\ 0 \end{pmatrix} u_e(t) \\ u_a(t) &= \begin{pmatrix} 0 & 1 \end{pmatrix} \underline{x}(t) \end{aligned}$$

a) Bestimmen Sie die Eigenwerte des Systems!

b) Entwickeln Sie die Übertragungsfunktion!

c) Bestimmen Sie die Pol-und Nullstellen!

d) Ist das System sprungfähig und stabil?

Aufgabe 3.8
Ermitteln Sie für die dargestellten Blockschaltbilder die jeweiligen Gesamtübertragungsfunktionen $G_{gesamt}(s)$!

a)

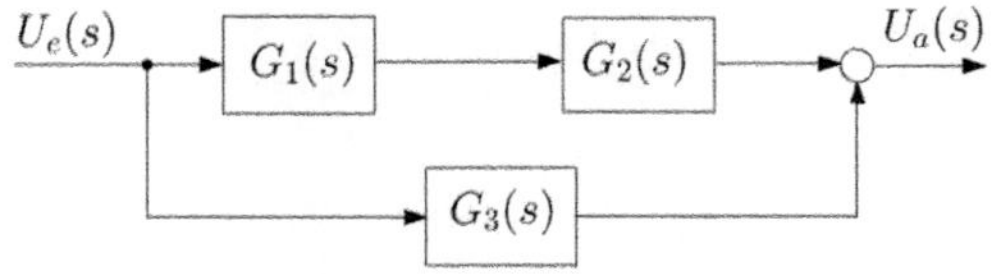

b)

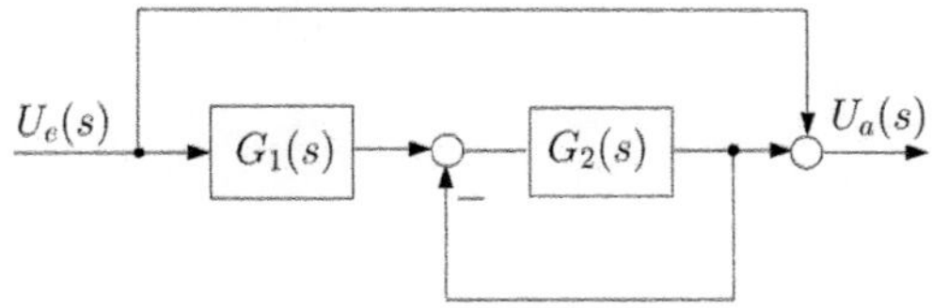

4 Fourier-Transformation

Die **Fourier-Transformation** gehört zur Gruppe der *Integraltransformationen*. Mit dieser Transformation lassen sich Signale und deren Übertragung in linearen Systemen im *Frequenz-* bzw. *Spektralbereich* mathematisch beschreiben. Auf den ersten Blick hat die Fourier-Transformation große Ähnlichkeit mit der Laplace-Transformation. Allerdings wird für den Laplace-Parameter (Bildparameter) $s = \delta + j\omega$ ausschließlich der frequenzabhängige Anteil berücksichtigt. Somit erhält man

$$s = j\omega. \tag{4.1}$$

Namenspatron ist der Franzose *Jean Baptiste Joseph Fourier* (s. Abb.4.1), der in der gleichen Zeitebene - d. h. in der Zeit der Aufklärung, der napoleonischen Kriege und der Restauration - wie sein Landsmann *Laplace* lebte.

Abb. 4.1: Jean Baptiste Joseph Fourier (∗1768;†1830) war ein französischer Mathematiker und Physiker [Wik07].

Die Autorin beschränkt sich in diesem Kapitel auf die Analyse *nichtperiodischer Signale*. Diese Vorgehensweise wird dadurch begründet, dass in einem weiteren Kapitel explizit der Frequenzgang als Beschreibungsform von LTI-Systemen erörtert wird.

4.1 Das Fourier-Integral

Ausgangspunkt der Betrachtungen ist die zweiseitige Laplace-Transformation

$$X(s) \quad = \quad \int_{-\infty}^{\infty} x(t)e^{-st}\,dt. \tag{4.2}$$

Zweiseitig bedeutet, dass die untere Grenze nicht mehr bei Null, sondern mit minus unendlich festgelegt wird. Im Folgenden werden ausschließlich zeitkontinuierliche Signale $x(t)$ betrachtet, für die angenommen wird, dass das **Fourierintegral** $X(j\omega)$ existiert, d. h. die **Dirichletsche Bedingung**

$$\int_{-\infty}^{\infty} |x(t)|\,dt < \infty \tag{4.3}$$

erfüllt wird. Das Transformationsergebnis $X(j\omega)$ heißt **Fourier-Transformierte** bzw. **komplexes Amplitudenspektrum** [GRS07].

$$X(j\omega) = \int_{-\infty}^{\infty} x(t)e^{-j\omega t}\,dt \tag{4.4}$$

In der Gl.(4.4) stellt der Term $e^{-j\omega t}$ die komplexe Exponentialfunktion bzw. der Spektralanteil der Frequenz ω den Kern der Integraltransformation dar [Kor97]. Die Fourier-Transformierte $X(j\omega)$ lässt sich in seinen Real- und Imaginärteil zerlegen.

$$\begin{aligned} X(j\omega) &= \Re\{X(j\omega)\} + j\Im\{X(j\omega)\} \\ &= |X(j\omega)|e^{j\,\phi(j\omega)} \end{aligned} \tag{4.5}$$

Somit setzt sich $X(j\omega)$ aus zwei Spektren zusammen, einerseits dem **Amplitudendichtespektrum** $|X(j\omega)|$ und anderseits dem $\phi(j\omega)$ - **Phasenspektrum**.

Wir wollen im Folgenden versuchen, ein besseres Verständnis für die Fourier-Transformation zu entwickeln. Zu diesem Zweck betrachten wir als Beispiel die Rechteckfunktion (Rechteckimpuls) $x(t)$. Der Rechteckimpuls hat die Höhe 1 und die Breite $\Delta T = 1\ s$ (s. Abb.4.2).

$$x(t) = \begin{cases} 0 & -\infty < t < T_1 \\ 1 & T_1 \le t \le T_2 \\ 0 & T_2 < t < \infty \end{cases} \tag{4.6}$$

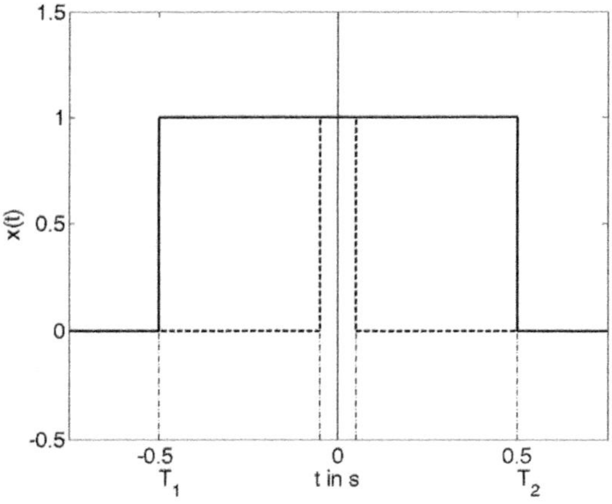

Abb. 4.2: Rechteckfunktion mit der Breite $\Delta T = 1s$ und $\Delta T = 0.1s$ (gestrichelt).

Da in der Transformationsgleichung (4.4) das Integral für t in $-\infty \ldots \infty$ auszuwerten ist, erhält man für den Rechteckimpuls (4.6) die Fourier-Transformierte $X(j\omega)$

$$\begin{aligned} X(j\omega) &= \int_{T_1}^{T_2} 1e^{-j\omega t}dt = \left[-\frac{1}{j\omega}e^{-j\omega t}\right]_{T_1}^{T_2} \\ &= -\frac{1}{j\omega}\left(e^{-j\omega T_2} - e^{-j\omega T_1}\right) \\ &= \frac{2}{\omega}\frac{e^{-j\omega T_1} - e^{-j\omega T_2}}{2j} \\ &= \frac{2}{\omega}\frac{e^{j\omega 0.5} - e^{-j\omega 0.5}}{2j} \\ &= \frac{2}{\omega}sin\,(\omega 0.5). \end{aligned} \tag{4.7}$$

Wird der Zähler und Nenner in (4.7) mit dem Faktor 0.5 erweitert, erhält man die sogenannte *Spaltfunktion* $si(0.5\omega)$.

$$X(j\omega) = 2*0.5\frac{sin\,(\omega 0.5)}{\omega 0.5} = si\,(0.5\omega) \tag{4.8}$$

Wie die Abb.4.3 zeigt, sind zum Aufbau des Rechteckimpulses die niederfrequenten harmonischen Schwingungen stärker beteiligt, als die hochfrequenten Schwingungen. Nicht beteiligt am Aufbau sind hingegen die Schwingungen bei denen die Spaltfunktion Nulldurchgänge $\omega = \pm 2\pi, \pm 4\pi, \ldots$, hat. Das Amplitudendichtespektrum eines Rechteckimpulses erhält man aus dem Betrag der Fourier-Transformierten $X(j\omega)$.

$$|X(j\omega)| = \left|\frac{sin\,(\omega 0.5)}{\omega 0.5}\right| \tag{4.9}$$

Wir wollen im Folgenden untersuchen, was passiert, wenn die Breite des Rechteckimpulses (s. Abb.4.2) auf $\Delta T = 0.1s$ verkleinert wird. Wenn die Impulsbreite kleiner wird, verbreitert sich das Frequenzband (s. Abb. 4.4). Die Höhe des Spektrums (Amplitude) verkleinert sich (s. Abb.4.4). In Bezug auf *informationsübertragende* Systeme kann dies so gedeutet werden, dass eine Informationsmenge *schnell* über einen breitbandiges Medium bzw. *langsam* über einen schmalbandiges Medium übertragen werden kann.

Die ingenieurtechnische Bedeutung der Fourier-Transformation besteht unter anderem darin, dass $X(j\omega)$ als spektrale Zusammensetzung des Signals $x(t)$ anschaulich im Frequenzbereich dargestellt werden kann. Aus dem Verlauf des Amplitudendichtespektrums $|X(j\omega)|$ über ω kann man ersehen, mit welcher Intensität die einzelnen Spektralkomponenten am Aufbau von $x(t)$ beteiligt sind [Kor97].

Zeit-Bandbreite-Produkt

Wir haben kennengelernt, dass zwischen der Dauer eines Zeitsignals $x(t)$ und der Breite des Spektrums ein Zusammenhang besteht. Die Breite des Spektrums wird als **Bandbreite** bezeichnet. Für einen Rechteckimpuls mit gleicher Fläche und Höhe kann man relativ einfach die Zeitdauer T_R und die Bandbreite B bestimmen [GRS07].

$$T_R = \frac{X(j\omega)|_{\omega=0}}{x(t)|_{t=0}} \qquad B = \frac{2\pi x(t)|_{t=0}}{X(j\omega)|_{\omega=0}} \tag{4.10}$$

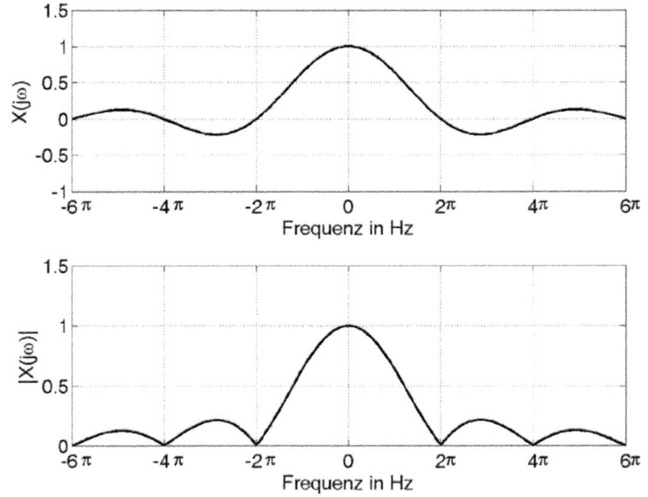

Abb. 4.3: Rechteckimpuls mit der Breite $\Delta T = 1s$ im Spektralbereich.

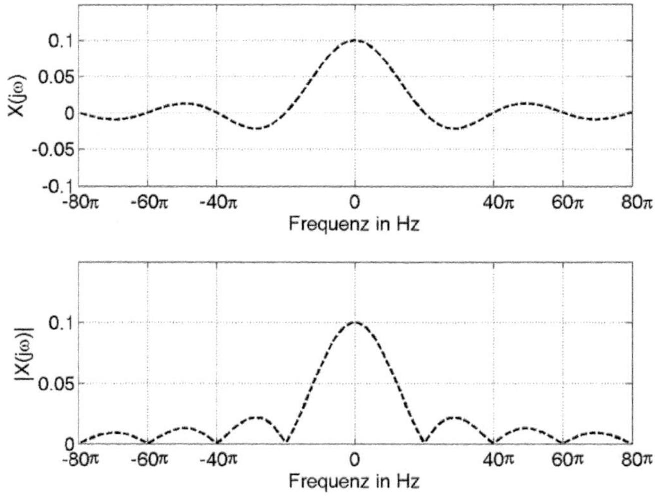

Abb. 4.4: Rechteckimpuls mit der Breite $\Delta T = 0.1s$ im Spektralbereich.

Für unser Beispiel mit $\Delta T = 1\ s$ erhält man

$$T_R = \frac{1}{1} = 1 \qquad B = \frac{2\pi}{1} = 2\pi. \tag{4.11}$$

Für das Zeit-Bandbreite-Produkt folgt

$$T_R B = 2\pi. \tag{4.12}$$

Es gilt folgender einfacher Zusammenhang [GRS07, Ren04]:

(Zeitdauer des Signals)(Bandbreite des Spektrums) = konstant.*

Diese Aussage gilt für alle reellen und symmetrischen Zeitsignale [GRS07]. Im folgenden Abschnitt wollen wir in Analogie zur Laplace-Transformation wichtige Korrespondenzen und Sätze kennenlernen.

4.2 Korrespondenzen und Sätze

In Analogie zur Laplace-Transformation wird für die Korrespondenz zwischen Zeitbereich und Frequenzbereich ein Hantel-Symbol verwendet.

$$x(t) \circ\!\!-\!\!\!-\!\!\bullet\ X(j\omega)$$

Die im vorherigen Abschnitt beschriebene Rechteckfunktion mit der Impulsbreite $\Delta T = 1s$ kann allgemein wie folgt angegeben werden [GRS07].

$$rect(t) = \begin{cases} 1 & f\ddot{u}r \quad |t| \le \frac{1}{2} \\ 0 & \end{cases} \tag{4.13}$$

Diese spezielle Rechteckfunktion ist dadurch gekennzeichnet, dass die Parameter **Höhe, Breite und Fläche gleich eins** sind. Deren Korrespondenz entspricht im Spektralbereich der Spaltfunktion.

$$rect(t)\ \circ\!\!-\!\!\!-\!\!\bullet\ si\left(\frac{\omega}{2}\right)$$

Im Folgenden wollen wir einleitend zwei bekannte „Kantonisten" und zwar den **Delta-Impuls** und die **Einheitssprungfunktion** im Frequenzbereich analysieren. Für die *Deltafunktion* gilt

$$X(j\omega) = \mathscr{F}\{\delta(t)\} = 1. \tag{4.14}$$

Dies bedeutet, dass alle Spektralanteile mit der gleichen Intensität 1 am Aufbau von $\delta(t)$ beteiligt (s. Abb.4.5) sind. Die „Eigenartigkeit" des Dirac-Impulses wird deutlich, wenn man berücksichtigt, das es kein technisch „erzeugbares" Signal gibt, welches eine konstante Amplitudendichte über den gesamten Frequenzbereich hat [Kor97]. Für die Fourier-Transformierte der *Einheitssprungfunktion* gilt

$$X(j\omega) = \mathscr{F}\{\sigma(t)\} = \pi\delta(\omega) + \frac{1}{j\omega}. \tag{4.15}$$

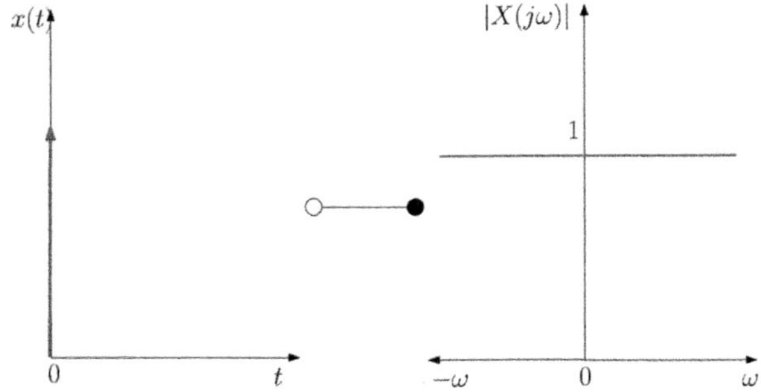

Abb. 4.5: Deltafunktion im Zeit- und Frequenzbereich.

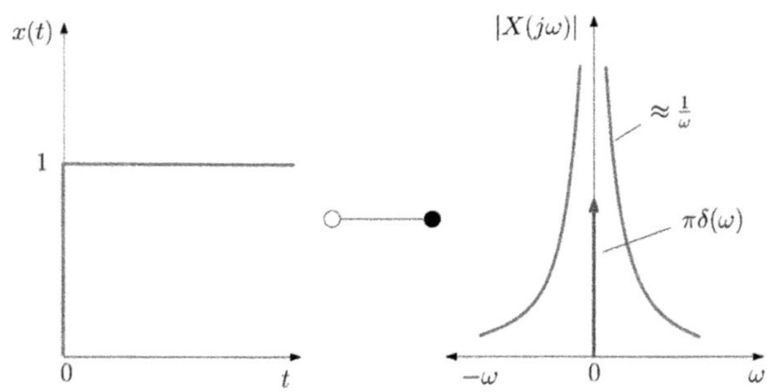

Abb. 4.6: Einheitssprungfunktion im Zeit- und Frequenzbereich.

Diese Spektralfunktion (s. Abb.4.6) hat bei $\omega = 0$ einen $\delta(\omega)$-Anteil der Intensität π und nimmt mit wachsenden Frequenzen $\omega > 0$ mit $\frac{1}{\omega}$ monoton ab. Für die Fourier-Transformation gelten - analog der Laplace-Transformation - eine Anzahl von Sätzen. Es besteht für den Leser selbstverständlich die Möglichkeit, diese aus der Gleichung (4.4) umständlich herzuleiten. Die folgenden Sätze stellen lediglich eine Auswahl dar. Für weitere Informationen verweist die Autorin auf die einschlägige Literatur [GRS07].

1.) Linearitätssatz

$$x_1(t) \circ\!\!-\!\!\!-\!\!\bullet X_1(j\omega)$$

$$x_2(t) \circ\!\!-\!\!\!-\!\!\bullet X_2(j\omega)$$

$$k_1 x_1(t) + k_2 x_2(t) \circ\!\!-\!\!\!-\!\!\bullet k_1 X_1(j\omega) + k_2 X_2(j\omega)$$

Beispiel 4.1
Ermitteln Sie für die Zeifunktion $x(t)$ die Fourier-Transformierte!

$$x(t) = sin\,2t + 2cos\,3t$$

Lösung
Unter Verwendung der Tab.3.1 (Zeilen 8;9) und des Linearitätssatzes erhält man die gesuchte Fourier-Transformierte.

$$\mathscr{F}\{sin\,2t + 2cos\,3t\} = \frac{2}{s^2+4} + 2\frac{s}{s^2+9} = \frac{2}{\omega^2+4} + 2\frac{\omega}{\omega^2+9}$$

2.) Dualitätssatz

$$x_1(t) \circ\!\!-\!\!\!-\!\!\bullet\; X_2(j\omega)$$

$$X_2(jt) \circ\!\!-\!\!\!-\!\!\bullet\; 2\pi\, x_1(-\omega)$$

Diese Eigenschaft ermöglicht es, ausgehend von einer gültigen, bekannten Korrespondenz der Fourier-Transformation, eine weitere gültige Korrespondenz zu entwickeln. Das folgende Beispiel soll hierfür das Verständnis generieren.

Beispiel 4.2
Für die Exponentialfunktion

$$x(t) = e^{-a|t|}$$

erhält man die Laplace-Transformierte

$$X(s) = \frac{2a}{a^2 - s^2}$$

(s. Kapitel 3, Tab.3.1, Zeile 6). Mit $s = j\omega$ erhält man die Fourier-Transformierte.

$$x(t) = e^{-a|t|} \circ\!\!-\!\!\!-\!\!\bullet\; X(j\omega) = \frac{2a}{a^2+\omega^2}$$

Wird nun in $X(j\omega)$ die Frequenz ω durch die Zeit t ersetzt, erhält man

$$X(jt) = \frac{2a}{a^2+t^2}.$$

Nach dem Satz der Dualität ergibt sich eine „neue" Korrespondenz.

$$\frac{2a}{a^2+t^2} \circ\!\!-\!\!\!-\!\!\bullet\; 2\pi e^{-a|-\omega|} = 2\pi e^{-a|\omega|}$$

3.) Verschiebungssatz

$$x(t) \circ\!\!-\!\!\!-\!\!\bullet\; X(j\omega)$$

$$x(t-t_0) \circ\!\!-\!\!\!-\!\!\bullet\; X(j\omega)e^{-j\omega t_0}$$

Eine Verschiebung des Signals $x(t)$ im Zeitbereich um t_0 ($t_0 > 0$ bedeutet eine Verschiebung nach rechts) bewirkt im Frequenz- bzw. Spektralbereich eine Multiplikation der Spektralfunktion des unverschobenen Signals mit dem Faktor $e^{-j\omega t}$. Wie die Gl. (4.16) zeigt, hat der Faktor $e^{-j\omega t}$ keinen Einfluss auf den Betrag der Fourier-Transformierten.

$$|X(j\omega)e^{-j\omega t_0}| = |X(j\omega)|\underbrace{|e^{-j\omega t_0}|}_{1} = |X(j\omega)| \tag{4.16}$$

Beispiel 4.3
Ermitteln Sie für einen zeitverschobenen Dirac-Impuls $x(t) = \delta(t-4)$ die Fourier-Transformierte!

Lösung

$$X(j\omega) = 1e^{-4j\omega}$$

4.) Modulationssatz

$$e^{j\omega_0 t}x(t) \quad \circ\!\!-\!\!\!-\!\!\!-\!\!\bullet \quad X(j\omega - j\omega_0)$$

Beispiel 4.4

a) Ermitteln Sie für $x(t) = e^{-t}e^{j5t}$ die Fourier-Transformierte!

b) Ermitteln Sie für $x(t) = e^{-2t}sin\,(3t)$ die Fourier-Transformierte!

Lösung a)
Die Laplace-Transformierte von $x(t) = e^{-t}$ ist $X(s) = \frac{1}{s+1}$. Für $s = j\omega$ erhält man

$$X(j\omega) = \frac{1}{1+j\omega}.$$

Der Faktor e^{j5t} im Zeitbereich, findet im Spektralbereich laut Modulationssatz eine Entsprechung, d. h. einer Verschiebung von ω um den Wert 5.

$$X(j\omega) = \frac{1}{1+j(\omega-5)}$$

Lösung b)
Die Laplace-Transformierte von $x(t) = e^{-2t}$ ist $X(s) = \frac{1}{s+2}$. Für $s = j\omega$ erhält man

$$X(j\omega) = \frac{1}{2+j\omega}.$$

Für $sin\,(3t)$ ergibt sich unter Verwendung der Eulerschen Beziehungen

$$sin\,(3t) = \frac{1}{2j}\left(e^{3tj} - e^{-3tj}\right).$$

Mithilfe des Modulationssatzes erhält man

$$\begin{aligned} X(j\omega) &= \frac{e^{-2t}}{2j}e^{3tj} - \frac{e^{-2t}}{2j}e^{-3tj} \\ &= \frac{1}{2j[2+j(\omega-3)]} - \frac{1}{2j[2+j(\omega+3)]} \\ &= \frac{2+j(\omega+3)-2-j(\omega-3)}{2j[2+j(\omega-3)][2+j(\omega+3)]} \\ &= \frac{2+j\omega+3j-2-j\omega+3j}{2j[4+2j(\omega+3)+2j(\omega-3)-(\omega-3)(\omega+3)]} \\ &= \frac{3}{4+4j\omega-\omega^2+9} \\ &= \frac{3}{-\omega^2+4j\omega+13}. \end{aligned}$$

5.) Differenziationssatz

$$x(t) \circ\!\!-\!\!\bullet\; X(j\omega)$$

$$\dot{x}(t) \circ\!\!-\!\!\bullet\; j\omega X(j\omega)$$

Aus der anspruchsvollen Operation des Differenzierens im Zeitbereich wird die Multiplikation mit $j\omega$ im Spektralbereich.

Beispiel 4.5

$$x(t) = 3e^{-t} \circ\!\!-\!\!\bullet\; X(j\omega) = \tfrac{3}{j\omega+1}$$

$$\dot{x}(t) = -3e^{-t} \circ\!\!-\!\!\bullet\; \tfrac{3j\omega}{j\omega+1}$$

6.) Ähnlichkeitssatz

$$x(t) \circ\!\!-\!\!\bullet\; X(j\omega)$$

$$x(at) \circ\!\!-\!\!\bullet\; \tfrac{1}{|a|}X(j\tfrac{\omega}{a}) \qquad a \text{ reell} \qquad a > 0$$

Für Werte von a im Intervall $0 < a < 1$ liegt eine „Zeitdehnung“ und für $a > 1$ eine „Zeitraffung“ des Zeitvorganges $x(at)$ vor. Im Spektralbereich hingegen wirkt sich dies in umgekehrter Tendenz im ω-Maßstab und auf eine Amplitudenveränderung aus.

Beispiel 4.6

$$rect(t) \circ\!\!-\!\!\bullet\; si\left(\tfrac{\omega}{2}\right) \qquad \text{führt auf} \qquad rect(at) \circ\!\!-\!\!\bullet\; \tfrac{1}{|a|}si\left(\tfrac{\omega}{2a}\right)$$

7.) Faltung

Die Antwort $y(t)$ eines linearen zeitinvarianten Systems, das mit dem Eingangssignal $u(t)$ aus dem Nullzustand erregt wird, kann durch die **Faltungsbeziehung**

$$y(t) \quad = \quad g(t) * u(t) = \int_0^t g(t-\tau)u(\tau)d\tau = \int_0^t g(\tau)u(t-\tau)d\tau \tag{4.17}$$

berechnet werden [Kor97]. In der Gl.(4.17)stellt $g(t)$ die **Gewichtsfunktion** des Systems dar. Die Faltung ist die Verknüpfung von Signalen. Der Stern $*$ wird gesprochen als $g(t)$ "gefaltet mit" $u(t)$.) Die relativ komplizierte Faltung im Zeitbereich, entspricht im Spektralbereich der Multiplikation der Fourier-Transformierten.

$$x(t) = x_1(t) * x_2(t) \quad \circ\!\!-\!\!\!-\!\!\bullet \quad X(j\omega) = X_1(j\omega)X_2(j\omega)$$

Beispiel 4.7

Der Faltung zweier Rechtecksignale im Zeitbereich entspricht der Multiplikation zweier Spaltfunktionen im Spektralbereich.

$$rect(t) * rect(t) \ = x(t)$$

$$\circ\!\!-\!\!\!-\!\!\bullet$$

$$si\left(\tfrac{\omega}{2}\right) si\left(\tfrac{\omega}{2}\right) \ = X(j\omega)$$

Beispiel 4.8

Die „Faltung“ von Funktionen findet Anwendung, um beispielsweise das Ausgangssignal von LTI-Systemen zu berechnen. Die Faltung der Gewichtsfunktion $g(t)$[1] mit dem Eingangssignal $u(t)$ führt im Zeitbereich auf das Ausgangssignal (Systemantwort) $y(t)$ des Systems. Diese Faltung im Zeitbereich entspricht im Frequenzbereich der Multiplikation des Eingangssignals $U(j\omega)$ und der Fourier-Transformierten $G(j\omega)$ (s. Abb.4.7). Das Ergebnis der Multiplikation ist das Ausgangssignal $Y(j\omega)$.

$$u(t) \quad \circ\!\!-\!\!\!-\!\!\bullet \quad U(j\omega)$$

$$g(t) \quad \circ\!\!-\!\!\!-\!\!\bullet \quad G(j\omega)$$

$$y(t) = g(t) * u(t) \quad \circ\!\!-\!\!\!-\!\!\bullet \quad Y(j\omega) = G(j\omega)U(j\omega)$$

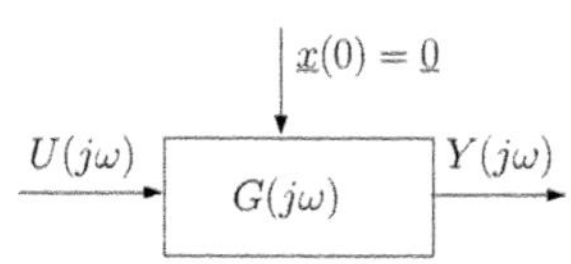

Abb. 4.7: Zusammenhang zwischen Faltung der Gewichstfunktion und Multiplikation mit dem Frequenzgang.

Für die Fourier-Transformierte der Gewichtsfunktion $g(t)$ gilt

$$G(j)\omega) = \mathscr{F}\{g(t)\}. \tag{4.18}$$

Das Spektrum $G(j\omega)$ - d. h. die Fourier-Transformierte der Impulsantwort - wird als **Frequenzgang** des LTI-Systems bezeichnet.

[1] Die Gewichtsfunktion $g(t)$ ergibt sich in Folge eines Dirac-Impulses am Eingang des Systems.

4.3 Die inverse Fourier-Transformation

Die Umkehrung der Fourier-Transformation führt wieder auf die Signalfunktion $x(t)$.

$$x(t) = \mathscr{F}^{-1}\{X(j\omega)\} = \frac{1}{2\pi}\int_{-\infty}^{\infty} X(j\omega)e^{j\omega t}d\omega \tag{4.19}$$

Die Lösung dieses Integrals ist, bis auf elementare Fälle, keine einfache Aufgabe und stellt den Ingenieur immer wieder vor gravierende Schwierigkeiten. Aus diesem Grund wird man versuchen, die Rücktransformation mithilfe von Korrespondenztabellen und unter Verwendung der Sätze der Fourier-Transformation durchzuführen.

Beispiel 4.9
Für das gegebene komplexe Amplitudenspektrum ist die Zeitfunktion $x(t)$ zu bestimmen!

$$X(j\omega) = \frac{2}{(2+j\omega+3j)}$$

Lösung
Für die Fourier-Transformierte erhält man

$$X(j\omega) = \frac{2}{(2+j(\omega+3))}.$$

Die Verwendung der Tab.3.1 (Zeile 5) und des Modulationssatzes ergibt

$$\begin{aligned} x(t) &= 2e^{-2t}e^{-3jt} \\ &= 2e^{-(2+3j)t}. \end{aligned}$$

4.4 Aufgaben

Aufgabe 4.1
Ermitteln Sie für die Signale das Amplitudendichtespektrum $|X(j\omega)|$! Stellen Sie $X(j\omega)$ und $|X(j\omega)|$ grafisch dar!

$$\begin{aligned} &a) \quad x(t) = e^{-2(t-1)}\sigma(t-1) \\ &b) \quad x(t) = e^{-2|t|}\sigma(t) \\ &c) \quad x(t) = e^{-|t|}cos\,(2t)\,\sigma(t) \end{aligned}$$

Aufgabe 4.2
Ermitteln Sie die Zeitfunktion $x(t)$!

$$\begin{aligned} &a) \quad X(j\omega) = \frac{2}{-\omega^2} \\ &b) \quad X(j\omega) = \frac{j\omega+1}{(-\omega^2+2j\omega+5)} \end{aligned}$$

Aufgabe 4.3
Im Ergebnis der Anwendung des Dualitätssatzes erhält eine Studentin

$$X_2(j\omega) = -2\pi\ \omega.$$

Wie lautet die „Original"-Zeitfunktion $x_1(t)$?

5 Der Frequenzgang

Bisher haben wir die Fourier-Transformation angewendet, um für zeitliche Signale das zugehörige Frequenzspektrum zu berechnen. In diesem Kapitel werden wir kennenlernen, wie man den *Frequenzgang* eines LTI-Systems entwickelt. Im strengen mathematischen Sinne ist der Frequenzgang die Fourier-Transformierte der Gewichtsfunktion $g(t)$. Im Folgenden wollen wir anstatt von der Fourier-Transformierten, ausschließlich vom Frequenzgang sprechen.

Ausgangspunkt unserer Untersuchungen ist die klassische *Übertragungsfunktion* $G(s)$. Wird in diese $s = j\omega$ eingesetzt, erhält man eine komplexe Funktion, die wir als *Frequenzgang* interpretieren wollen. Der Frequenzgang wird folgendermaßen definiert [JM03, Föl08, Lun06, Jör95, LW07, AB09]:

$$G(j\omega) = |G(j\omega)|e^{j\phi(\omega)}. \tag{5.1}$$

Der Frequenzgang wird durch seinen **Betrag** $|G(j\omega|)$ und den **Phasenwinkel** $\phi(\omega)$ beschrieben, welche sich als Frequenzkennlinien anschaulich in einem **Bode-Diagramm** darstellen lassen.

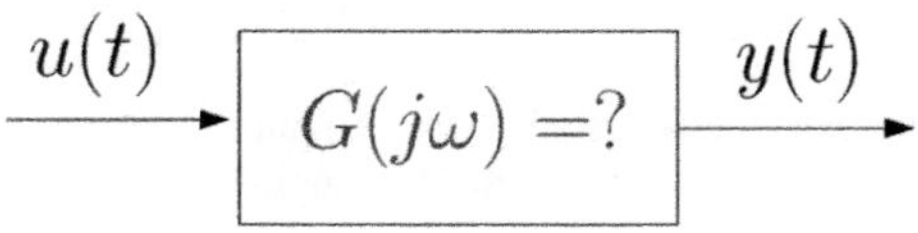

Abb. 5.1: Prinzip „Identifikation" LTI-System.

Welche praktische Bedeutung hat der Frequenzgang? Der **Frequenzgang** spielt unter anderem in der Regelungstechnik bei der *Identifikation* dynamischer Systeme, den so genannten Regelstrecken, eine gewichtige Rolle. Die Abb.5.1 skizziert das Prinzip der „Identifikation". Als Eingangsgröße für das System wird ein *harmonisches Signal* gewählt.

$$u(t) = \hat{U} sin\ \omega t \tag{5.2}$$

$$oder$$

$$u(t) = \hat{U} cos\ \omega t \tag{5.3}$$

Die Systemantwort ist ein **stationäres Ausgangssignal**.

$$\begin{aligned} y(t) &= \hat{U}|G(j\omega)| sin\ (\omega t + \phi(\omega)) \\ &= \hat{Y} sin\ (\omega t + \phi(\omega)) \end{aligned} \tag{5.4}$$

$$oder$$

$$\begin{aligned} y(t) &= \hat{U}|G(j\omega)| cos\ (\omega t + \phi(\omega)) \\ &= \hat{Y} cos\ (\omega t + \phi(\omega)) \end{aligned} \tag{5.5}$$

Das Ausgangssignal $y(t)$ ist gleichfalls eine harmonische Schwingung, bei der sich aber zwei Parameter, d. h. die **Amplitude** und die **Phasenlage**, gegenüber der Eingangsschwingung verändert haben.

Diese Eigenschaften können genutzt werden, um auf experimentellem Weg den Frequenzgang zu ermitteln. Aus den Amplituden für das Ein- und Ausgangssignal - $\hat{U}$ bzw. $\hat{Y}$ - wird das **frequenzabhängige Amplitudenverhältnis** berechnet.

$$|G(j\omega)| = \frac{\hat{Y}(\omega)}{\hat{U}} \tag{5.6}$$

Aus der Zeitverschiebung des Ausgangssignals bestimmt man die **frequenzabhängige Phase** $\phi(\omega)$.

$$\frac{T}{\Delta t} = \frac{360^o}{\phi} \qquad \phi = \frac{360^o \Delta t}{T} \quad mit \quad \Delta t = t_1 - t_2 \tag{5.7}$$

Damit wir die in diesem Kapitel gestellten Aufgaben analytisch lösen können, sind die Definitionen für den **Amplitudengang**[1]

$$|G(j\omega)| = \sqrt{\Re^2\{G(j\omega)\} + \Im^2\{G(j\omega)\}} \tag{5.8}$$

und den **Phasengang**

$$\phi(\omega) = arg\, G(j\omega) \tag{5.9}$$

$$= arctan\left(\frac{\Im\{G(j\omega)\}}{\Re\{G(j\omega)\}}\right) \tag{5.10}$$

explizit anzugeben. Zur grafischen Darstellung des Amplitudenganges[2] in einem Bode-Diagramm wird aus Gründen einer „besseren" Verständlichkeit für den Betrag $|G(j\omega)|$ der **dekadische** und **logarithmische** Maßstab gewählt.

$$A_{dB} = 20\, log_{10}|G(j\omega)| \tag{5.11}$$

Der Amplitudengang wird in der Einheit **Dezibel [dB]**[3] angegeben. Diese Einheit zeigt an, dass es sich beim Amplitudenverhältnis (Betrag) um die Verstärkung eines LTI-Systems handelt.

Bevor wir uns mit der mathematischen Beschreibung des Frequenzganges für elementare Übertragungsglieder beschäftigen, wollen wir an einem Beispiel die Methode der „experimentellen Ermittlung des Frequenzganges" skizzieren.

[1] Hinweis: Bei der analytischen Bestimmung von Betrag und Phase muss für die Kreisfrequenz ω die Einheit [rad/s] verwendet werden!

[2] Der Phasenwinkel wird linear angegeben.

[3] Die Einheit **Dezibel [dB]** findet vor allem in der Kommunikationstechnik Verwendung.

5.1 Bode-Diagramm und Ortskurve des Frequenzganges

In diesem Abschnitt wollen wir an einem Beispiel üben, wie man die Frequenzkennlinien eines linearen Systems ermittelt und aus diesen auf das Systemverhalten schließen kann.

Abb. 5.2: Aufbau der Messung in *Simulink* [Mat09].

Beispiel 5.1
Gegeben ist ein unbekanntes System (**Black-Box**), welches am Eingang mit einem Sinussignal angeregt wird. Die Messung ist bereits in *Simulink* [Mat09] aufgebaut (s. Abb.5.2).

a) Ermitteln Sie auf experimentellem Weg den Amplituden- und Phasengang!
gegeben: Eingangssignal $u(t) = 0.5sin(\omega t)$.
Für die einzelnen Messungen ist die Periodendauer T wie folgt zu wählen:
$T = [62.83,\ 10,\ 6.28,\ 3.14,\ 1,\ 0.628,\ 0.1]\ in\ [s]$.
Der Frequenzbereich im Bode-Diagramm ist in der Einheit $[Hz]$ darzustellen!

b) Bestimmen Sie aus den Frequenzkennlinien im Bode-Diagramm die Kennwerte der unbekannten *Übertragungsfunktion* (Black-Box)!

c) Stellen Sie den Frequenzgang in der *$G(j\omega)$-komplexen Ebene* grafisch dar!

Hinweise: Benutzen Sie das Software-Tool *Matlab* und *Simulink* [Mat09, AB09]!

Lösung a)
Der Aufbau des Mess-Systems ist in der Abb.5.2 dargestellt.

1.) Messung:
In der ersten Messung wird das unbekannte System mit einer Sinusschwingung $u(t) = sin(\omega t)$ beaufschlagt (s. Abb.5.2). Für die Kreisfrequenz gilt

$$\omega = 2\pi f = \frac{2\pi}{T}. \tag{5.12}$$

Die Kreisfrequenz stellt hierbei eine unabhängige Variable dar. Die Periodendauer sei bei der ersten Messung $T = 1s$. Für die Kreisfrequenz erhält man $\omega = \frac{2\pi}{1} = 6.28 rad/s$. Vorsicht! Die Kreisfrequenz ω kann in $[rad/s]$ und in $[Hz]$ angegeben werde. Die Studierenden machen an dieser Stelle oft einen Fehler! Die Umrechnung lautet

$$1 rad/s = 1/2\pi\ [Hz]. \tag{5.13}$$

Die Frequenz entspricht folglich 1 $[Hz]$. Für das Ausgangssignal ergibt sich gleichfalls ein harmonisches Signal, aber mit unterschiedlicher Amplitude $\hat{y}$ und einer anderen Phasenlage ϕ bezogen auf das Eingangssignal (s. Abb.5.3). Nachdem sich die stationäre Schwingung eingestellt hat, wird die maximale Amplitude des Ausgangssignals gemessen. Man misst $\hat{y} = 0.16$. Für die erste Messung lässt sich somit der Betrag des Frequenzganges berechnen.

$$|G(j\omega)| = \frac{\hat{y}}{u} = \frac{0.16}{0.5} = 0.32$$

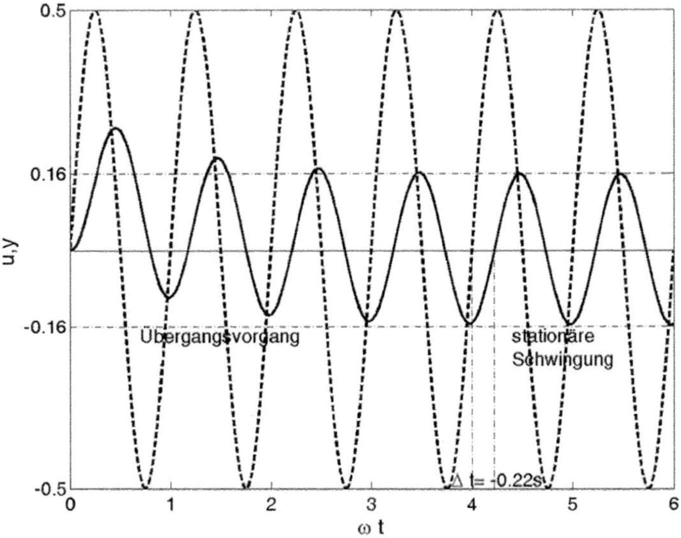

Abb. 5.3: Eingang: $u(t) = 0.5sin(\omega t)$ (gestrichelt) Ausgang: $y(t) = 0.18sin(\omega t - 79.2^o)$ (schwarz); Kreisfrequenz: $\omega = \frac{2\pi}{T} = 6.28rad/s$.

Unter Berücksichtigung der dekadisch, logarithmischen Skala im Amplitudengang, ergibt sich

$$A_{dB} = 20log_{10}|G(j\omega)| = -9.89dB.$$

Wir wollen im Folgenden die frequenzabhängige Phasenverschiebung $\phi(\omega)$ ermitteln. Die Periodendauer wurde in der ersten Messung mit $T = 1s$ festgelegt. Damit ergibt sich für die Kreisfrequenz $\omega = \frac{2\pi}{T} = 1[Hz]$. Das Ausgangssignal ist - wie die Abb.5.3 zeigt - um $\Delta t = t_1 - t_2 = -0.22s$ verschoben. Unter Verwendung von Gl.(5.7) erhält man für die frequenzabhängige Phase

$$\begin{aligned} \phi &= \frac{360^o \Delta t}{T} \\ &= -\frac{360^o 0.22s}{1s} = -79.2^o. \end{aligned}$$

Damit haben wir für $\omega = 1[Hz]$ die Werte für den Amplituden-und Phasengang ermittelt. Im Folgenden werden weitere Messungen durchgeführt. Für jede einzelne Messung wird im Eingangssignal die unabhängige Variable „Kreisfrequenz ω“ - genauer die Periodendauer T - verändert. Aus dem gemessenen Ausgangssignal erhält man jeweils einen Wert für das Amplitudenverhältnis und die Phasenlage. Diese Werte werden in einer Wertetabelle (s. Tab.5.1) eingetragen. In einem letzten Schritt werden die Ergebnisse für das frequenzabhängige Amplitudenverhältnis (Einheit $[dB]$) und die Phasenlage (Einheit [Grad]) in einem *Bode-Diagramm* eingetragen (s. Abb.5.4) und die Punkte miteinander verbunden. Auf diese Weise erhält man die Frequenzkennlinien des Systems „Black-Box“.

Tab. 5.1: Messergebnisse.

ω	$y(\infty)$	$\frac{y(\infty)}{u}$	$20log_{10}\left(\frac{y(\infty)}{u}\right)$	$\Delta = t_1 - t_2$	$\phi = \frac{360^o \Delta t}{T}$
$0.0159\,Hz\,(0.10\,\frac{rad}{s})$ $T = 62.83s$	1.00	2.00	6.02	−0.96	-5.50^o
$0.10\,Hz\,(0.628\,\frac{rad}{s})$ $T = 10.00s$	0.845	1.69	4.55	−0.90	-32.40^o
$0.159\,Hz\,(1.00\,\frac{rad}{s})$ $T = 6.28s$	0.70	1.40	2.92	−0.80	-45.83^o
$0.318\,Hz\,(2.00\,\frac{rad}{s})$ $T = 3.14s$	0.44	0.88	−1.11	−0.57	-65.30^o
$1.00\,Hz\,(6.28\,\frac{rad}{s})$ $T = 1.00s$	0.16	0.32	−9.89	−0.22	-79.20^o
$1.59\,Hz\,(10.00\,\frac{rad}{s})$ $T = 0.628s$	0.10	0.20	−13.97	−0.145	-83.00^o
$10.00\,Hz\,(62.80\,\frac{rad}{s})$ $T = 0.10s$	0.024	0.048	−26.37	−0.024	-86.40^o

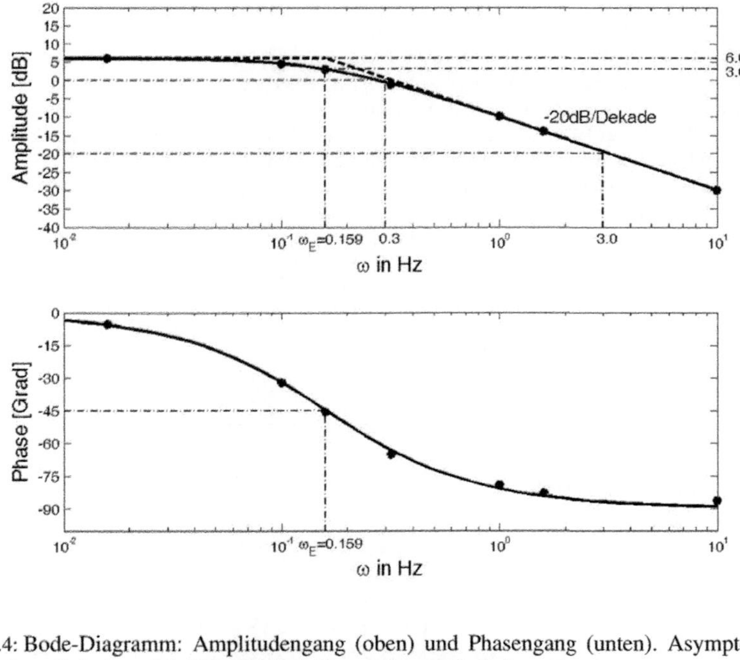

Abb. 5.4: Bode-Diagramm: Amplitudengang (oben) und Phasengang (unten). Asymptoten der Betragskennlinie (gestrichelt) und ideale Betragskennlinie (schwarz).

Lösung b)
Für die Lösung dieser Aufgabe betrachten wir zunächst den Amplitudengang (s.Abb.5.4, oben). Für $\omega < \omega_E$ liegt die Betragskennlinie parallel zur 0-dB-Linie (Abstand $20log(K_s) = 6.02\ dB$). Für $\omega > \omega_E$ fällt die Kennlinie mit $-20\ dB$ ab. Die Frequenz ω_E wird **Eckfrequenz** genannt. An der Eckfrequenz schneiden sich die Asymptoten (s. Abb.5.4). Die Asymptoten stellen lediglich eine Näherung des realen Amplitudenganges dar. Der reale Wert des Amplitudenganges ist an der Eckfrequenz um $\approx\ 3dB$ flacher - $A_{dB} = 3.02\ dB$ - (s. Abb.5.4). Wir hatten betont, dass die Kennlinie für $\omega > \omega_E$ abfällt. Wie kann man nun dieses „Abfallen" charakterisieren? Betrachten wir zu diesem Zweck zwei Werte des Amplitudenganges im Detail: Für die Kreisfrequenz bei $\omega_1 = 0.3\ Hz$ ergibt sich eine Verstärkung von $0\ dB$ und bei $\omega_2 = 3\ Hz$ - dem Zehnfachen von ω_1 - beträgt die Verstärkung $-20\ dB$. Dies bedeutet, dass der Amplitudengang um $-20\ dB$ pro *Dekade* abgefallen ist.
Betrachten wir nun den Verlauf der Phase (s. Abb.5.4, unten). Die frequenzabhängige Phase $\phi(\omega)$ beträgt für niedrige Frequenzen $\phi(\omega) = 0^o$ und für höhere Frequenzen konvergiert die Phase gegen $\phi(\omega) = -90^o$. Für $\omega = 0.159\ Hz$ beträgt die Phase $\phi(\omega) = -45^o$. Dieses Verhalten ist charakteristisch für ein proportional, zeitverzögertes Übertragungsglied, kurz **PT_1-Glied** genannt. Für die Übertragungsfunktion eines PT_1-Gliedes gilt

$$G(s) = \frac{K_s}{1+Ts} \tag{5.14}$$

bzw. für $s = j\omega$

$$G(j\omega) = \frac{K_s}{1+Tj\omega}. \tag{5.15}$$

In der Übertragungsfunktion ist K_s der **statische Übertragungsfaktor** und T die **Zeitkonstante** des Systems. Diese beiden Parameter des Systems wollen wir im Folgenden bestimmen. Damit uns dies gelingt, wollen wir die Gleichungen für den Betrag und die Phase analytisch herleiten. Ausgangspunkt ist der Frequenzgang Gl.(5.15) des PT_1-Gliedes. Um den Betrag des Frequenzganges berechnen zu können, muss dieser in **Real**-und **Imaginärteil** getrennt werden. Hierfür muss die komplexe Größe „$j\omega$" aus dem Nenner durch **konjugiert komplexe Erweiterung** - d. h. Zähler und Nenner werden mit $(1-Tj\omega)$ multipliziert - „eliminiert" werden.

$$\begin{aligned} G(j\omega) &= \frac{K_s(1-Tj\omega)}{(1+Tj\omega)(1-Tj\omega)} \\ &= \frac{K_s(1-Tj\omega)}{(1+T^2\omega^2)} \\ &= \underbrace{\frac{K_s}{(1+T^2\omega^2)}}_{\Re} + \underbrace{\frac{-K_sT\omega}{(1+T^2\omega^2)}}_{\Im} j \end{aligned} \tag{5.16}$$

Für den Amplitudengang erhält man

$$\begin{aligned} |G(j\omega)| &= \sqrt{\Re^2\{G(j\omega)\} + \Im^2\{G(j\omega)\}} \\ &= \sqrt{\frac{K_s^2}{(1+T^2\omega^2)^2} + \frac{K_s^2T^2\omega^2}{(1+T^2\omega^2)^2}} \\ &= K_s\sqrt{\frac{1+T^2\omega^2}{(1+T^2\omega^2)^2}} \\ &= \frac{K_S}{\sqrt{1+T^2\omega^2}}. \end{aligned} \tag{5.17}$$

Für den Phasengang ergibt sich

$$\begin{aligned}
\phi(\omega) &= arctan\left(\frac{\Im\{G(j\omega)\}}{\Re\{G(j\omega)\}}\right) \\
&= arctan\left(\frac{\frac{-TK_s\omega}{(1+T\omega)}}{\frac{K_s}{(1+T\omega)}}\right) \\
&= -arctan(T\omega). \qquad (5.18)
\end{aligned}$$

Für $\phi(\omega = \omega_E) = -45^o$ gilt

$$-45^o = -arctan(T\omega_E). \qquad (5.19)$$

Wird diese Gleichung nach T umgestellt, ergibt sich

$$\begin{aligned}
tan(45^o) &= tan(arctan(T\omega_E)) \\
1 &= T\omega_E
\end{aligned}$$

Für die Zeitkonstante T des PT_1-Gliedes (s. Abb.5.4) erhält man

$$T = \frac{1}{\omega_E} = \frac{1}{2\pi * 0.159Hz} = 1s. \qquad (5.20)$$

In einem letzten Schritt wollen wir den Verstärkungs- bzw **Übertragungsfaktor** K_s der Übertragungsfunktion $G(s)$ bestimmen. Um K_s zu berechnen, nutzen wir - wie bereits oben betont - die Erkenntnis, dass die Betragskennlinie für $\omega < \omega_E$ parallel zur $0 - dB$-Linie verläuft. Für $\omega < 0.159\ Hz$ gilt

$$\begin{aligned}
A_{dB} &= 20log_{10}(K_s) \\
6.02dB &= 20log_{10}(K_s). \qquad (5.21)
\end{aligned}$$

Für K_s ergibt sich

$$K_s = 10^{\frac{6.02}{20}} \approx 2.$$

Für die Übertragungsfunktion und den Frequenzgang des PT_1-Gliedes erhält man

$$G(s) = \frac{2}{1+s} \qquad bzw. \qquad G(j\omega) = \frac{2}{1+j\omega}.$$

Lösung c)
Eine andere Möglichkeit den Frequenzgang $G(j\omega)$ grafisch abzubilden, ist die Darstellung in der **komplexen Ebene**. Für den Frequenzgang gilt

$$G(j\omega) = \Re\{G(j\omega)\} + \Im\{G(j\omega)\} = \frac{2}{(1+\omega^2)} + \frac{-2\omega}{(1+\omega^2)}j.$$

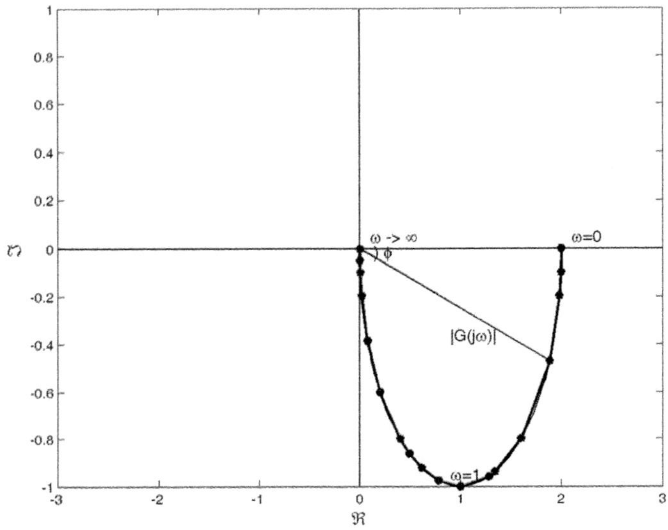

Abb. 5.5: Ortskurve: PT_1-Glied; $K_s = 2$ und $T = 1s$

Real- und Imaginärteil für verschiedene Frequenzen:

omega rad/s	Re	Im
0	2.00	0
0.05	2.00	-0.10
0.10	1.98	-0.20
0.25	1.88	-0.47
0.50	1.60	-0.80
0.70	1.34	-0.94
0.75	1.28	-0.96
1.00	1.00	-1.00
1.25	0.78	-0.98
1.50	0.62	-0.92
1.75	0.49	-0.86
2.00	0.40	-0.80
3.00	0.20	-0.60
5.00	0.08	-0.38
10.00	0.02	-0.20
20.00	0.00	-0.10
40.00	0.00	-0.05
1000.00	0.00	-0.00

Um eine grobe Schätzung des Verlaufs der „Kurve" zu erhalten, trägt man die Werte in der komplexen $G(j\omega)$-Ebene punktuell an (s. Abb.5.5).

Die Verbindung der einzelnen Punkte liefert die **Ortskurve** des Frequenzganges. Für das PT_1-Glied erhält man einen Halbkreis im *IV.* Quadranten. Wie die Abb.5.5 zeigt, entspricht der „Zeiger" - beginnend im Koordinatenursprung - dem Betrag des Frequenzganges und der Winkel zwischen Zeiger und der reellen Achse, der Phasenlage $\phi(j\omega)$.

Der Frequenzgang hat in der Praxis messtechnische Bedeutung erlangt. Im Besonderen die Anschaulichkeit des Frequenzganges führte dazu, dass dieser ein wesentliches Hilfsmittel des Ingenieurs darstellt. In der Regelungstheorie entwickelte man in den 1940er Jahren das Frequenzkennlinienverfahren [Jör95, Lun06, JM03, Föl08] für den Entwurf linearer Regler.

Im vorherigen Beispiel haben wir die Übertragungsfunktion eines PT_1-Übertragungsgliedes mittels Amplituden- bzw. Phasengang sowie der *Ortskurve* beschrieben. Das PT_1-Glied gehört zur Gruppe der *elementaren Übertragungsglieder*. Wir werden im folgenden Abschnitt eine Auswahl dieser Übertragungsglieder detaillierter kennenlernen.

5.2 Mathematische Beschreibung der elementaren Übertragungsglieder im Zeit-und Frequenzbereich

Die **elementaren Übertragungsglieder** haben vor allem in der Elektro- und Regelungstechnik eine große Bedeutung erlangt. Ein Beispiel ist das *RC*-Netzwerk, welches als *Tief- oder Hochpass* die Eigenschaft besitzt, ein *Signal* in Amplitude und Phase so zu verändern, dass dieser in elektronischen Schaltungen als *Stör-Filter* vielfache Anwendung findet (s. Abb.5.6). In der Regelungstechnik stellen elementare Übertragungsglieder **Regelstrecken** (z. B. P, PT_1, PT_2, IT_1) dar.

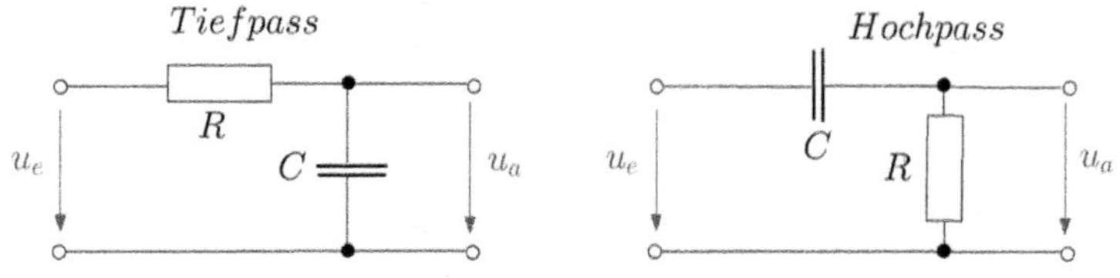

Abb. 5.6: Tief-und Hochpass.

5.2.1 P-Glied

P-Glieder sind ***proportional*** wirkende Übertragungsglieder, bei denen ein ***proportionaler Zusammenhang*** zwischen der Eingangsgröße $u(t)$ und der Ausgangsgröße $y(t)$ besteht. Als Beispiele sind der ohmsche Widerstand ($R = \frac{U}{I}$) und die Feder ($F = c\ x$) zu nennen. K_s ist der Übertragungsfaktor. Das *Blockschaltbild* gibt die allgemeine Struktur wieder (s. Abb.5.7). In der Abb.5.8 sind das Bode-Diagramm und die Ortskurve für $K_s = 5$ dargestellt. Die Betragskennlinie verläuft im Abstand von $A_{dB} = 20log_{10}(K_s)$ parallel zur 0-dB-Linie. Die Ortskurve ist beim *P*-Glied keine „Kurve", sondern ein einziger Punkt bei $G(j\omega) = K_s$ (s. Abb.5.9).

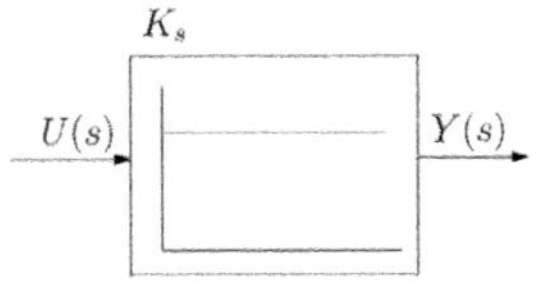

$$G(s) = \frac{Y(s)}{U(s)} = K_s. \tag{5.22}$$

Abb. 5.7: Blockschaltbild *P*-Glied

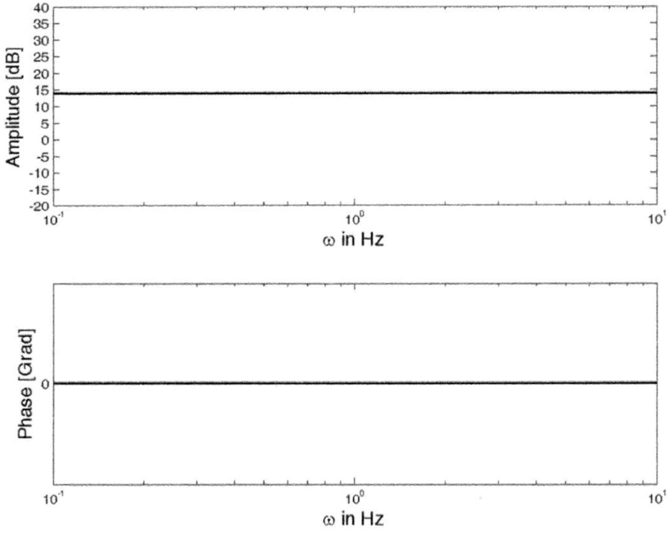

Abb. 5.8: Bode-Diagramm: *P*-Glied; $K_s = 5$, $A_{dB} = 20log_{10}(5) = 13.97\ dB$.

Für die Systemantwort ergibt sich

$$y(t) = K_s u(t). \tag{5.23}$$

Für den Frequenzgang erhält man

$$G(j\omega) \quad = \quad K_s \tag{5.24}$$

$$|G(j\omega)| \quad = \quad K_s \tag{5.25}$$

$$\phi(\omega) \quad = \quad 0. \tag{5.26}$$

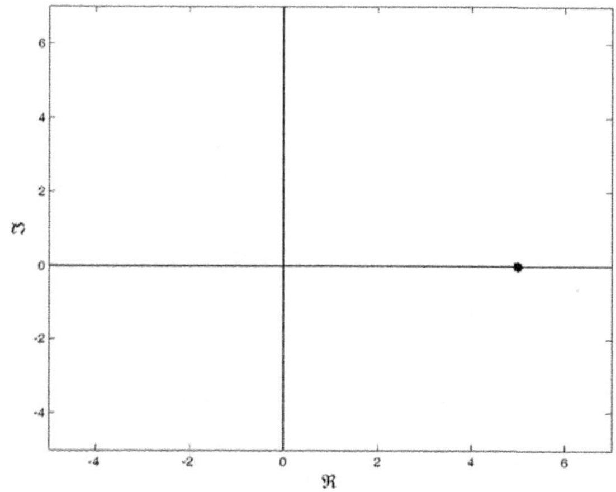

Abb. 5.9: Ortskurve: P-Glied; $K_s = 5$.

5.2.2 I-Glied

I-Glieder sind ***integral*** wirkende Übertragungsglieder, bei denen ein ***integraler Zusammenhang*** zwischen der Eingangsgröße $u(t)$ und der Ausgangsgröße $y(t)$ besteht. K_I ist die Übertragungskonstante des I-Gliedes.

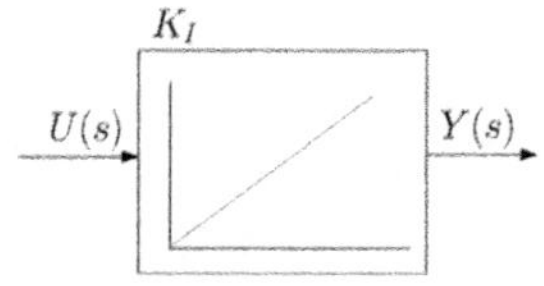

$$G(s) = \frac{Y(s)}{U(s)} = \frac{K_I}{s} \tag{5.27}$$

Abb. 5.10: Blockschaltbild I-Glied.

Beispiele für ein I-Glied sind der Zufluss einer Flüssigkeit in einen Behälter oder das Aufladen eines Kondensators mit konstantem Strom. Das zugehörige Blockschaltbild findet man in der Abb.5.10. In den Abb. 5.11/5.12 sind Bode-Diagramm und Ortskurve für $K_I = 1\ s^{-1}$ dargestellt. Der Amplitudengang stellt eine Gerade dar, die mit $-20\ dB/Dekade$ abfällt und bei $\omega = 0.159\ Hz$ den Betrag des Frequenzganges K_I in dB hat. Für $K_I = 1$ erhält man bei $\omega = 0.159\ Hz$ die Verstärkung $A_{dB} = 0$ (s. Abb.5.11). Der Phasengang ist eine Konstante mit $\phi(\omega) = -90^o$. Für die Systemantwort ergibt sich die Integralgleichung

$$y(t) = K_I \int_0^t u(\tau) d\tau. \tag{5.28}$$

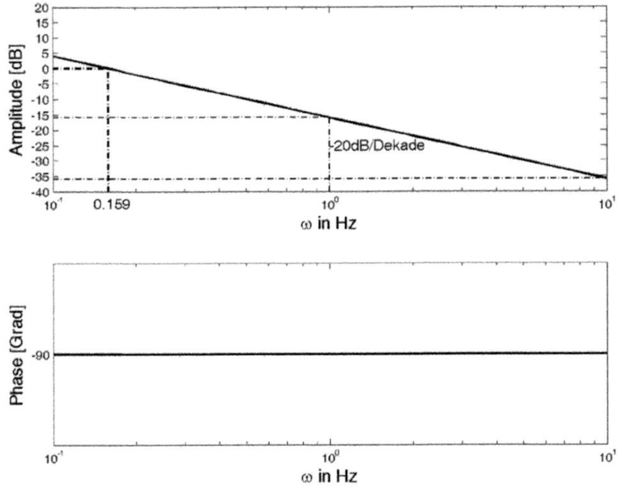

Abb. 5.11: Bode-Diagramm: I-Glied; $K_I = 1s^{-1}$.

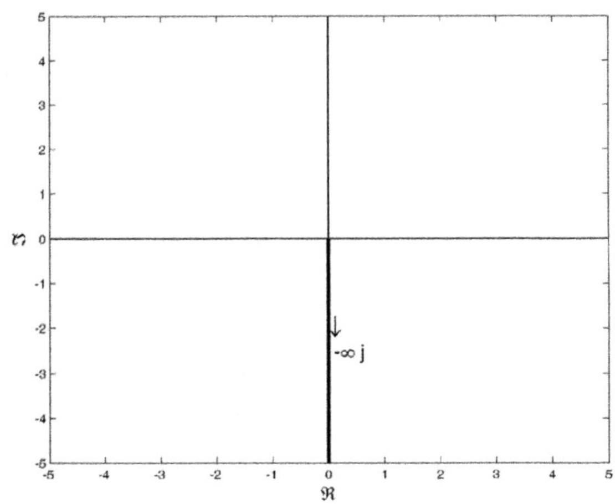

Abb. 5.12: Ortskurve: I-Glied; $K_I = 1s^{-1}$.

Für den Frequenzgang gilt

$$G(j\omega) = \frac{K_I}{j\omega} = -\frac{K_I j}{\omega} = 0 - \frac{K_I}{\omega} j \tag{5.29}$$

$$|G(j\omega)| = \frac{K_I}{\omega} \tag{5.30}$$

$$\phi(\omega) = -90^o. \tag{5.31}$$

Die Grenzwerte der Ortskurve sind:

$$\omega = 0 \curvearrowright G(j\omega) = -\infty\, j$$
$$\omega = \infty \curvearrowright G(j\omega) = 0\, j.$$

5.2.3 D-Glied

D-Glieder sind ***differenziell*** wirkende Übertragungsglieder, bei denen ein ***differenzieller Zusammenhang*** zwischen der Eingangsgröße $u(t)$ und der Ausgangsgröße $y(t)$ besteht. K_D ist die Übertragungskonstante des *D*-Gliedes (s. Abb.5.13). Wird beispielsweise das *D*-Glied mit einem Sprung beaufschlagt, „verschwindet" das Ausgangssignal für $t > 0$ bzw. ein Dirac-Impuls (verallgemeinerte Differenziation) tritt bei $t = 0$ auf. In der Abb.5.13 ist dieses Verhalten in der Weise berücksichtigt, dass das Systemverhalten „verschwindet".

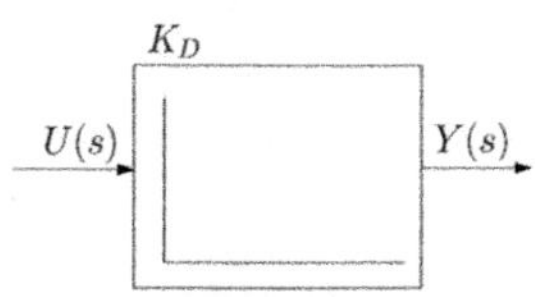

$$G(s) = \frac{Y(s)}{U(s)} = K_D\, s \tag{5.32}$$

Abb. 5.13: Blockschaltbild *D*-Glied.

In den Abb. 5.14/5.15 ist das Bode-Diagramm und die Ortskurve für $K_D = 1$ grafisch dargestellt. Der Amplitudengang ist eine Gerade, die mit $+20\, dB/Dekade$ ansteigt und bei $\omega = 0.159\, Hz$ den Betrag des Frequenzganges K_D in dB hat. Für $K_D = 1$ ist bei $\omega = 0.159\, Hz$ die Verstärkung $A_{dB} = 0$ (s. Abb.5.14). Der Phasengang ist eine Konstante mit $\phi(\omega) = +90^o$. Für die Systemantwort ergibt sich die Differenzialgleichung

$$y(t) = K_D \dot{u}(t). \tag{5.33}$$

Für den Frequenzgang gilt

$$G(j\omega) = 0 + j\omega \tag{5.34}$$

$$|G(j\omega)| = \omega \tag{5.35}$$

$$\phi(\omega) = +90^o. \tag{5.36}$$

Für die Grenzwerte der Ortskurve ergeben sich

$$\omega = 0 \curvearrowright G(j\omega) = 0\, j$$
$$\omega = \infty \curvearrowright G(j\omega) = +\infty\, j.$$

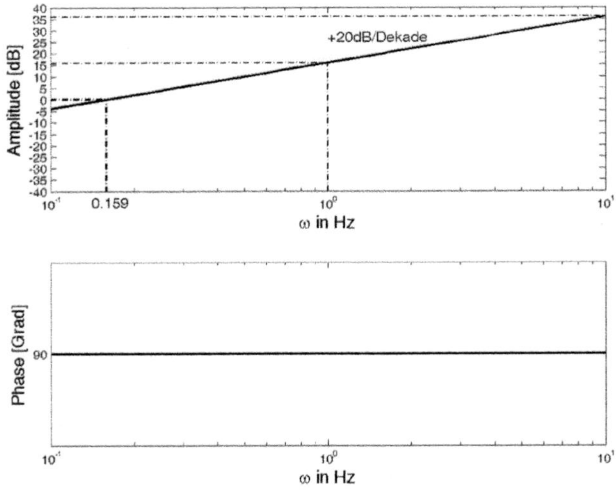

Abb. 5.14: Bode-Diagramm: D-Glied; $K_D = 1$.

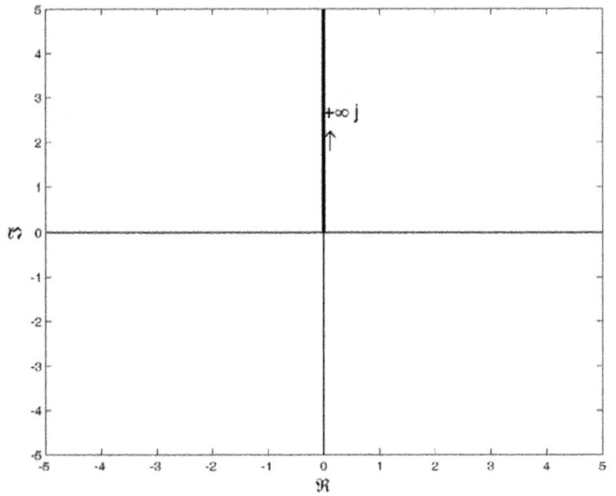

Abb. 5.15: Ortskurve: D-Gliedes; $K_D = 1$.

5.2.4 PT_1-Glied

Im Unterschied zu P-Gliedern antworten PT_1-Glieder - wie bereits oben erwähnt - mit einer gewissen Verzögerung (s. Abb.5.16).

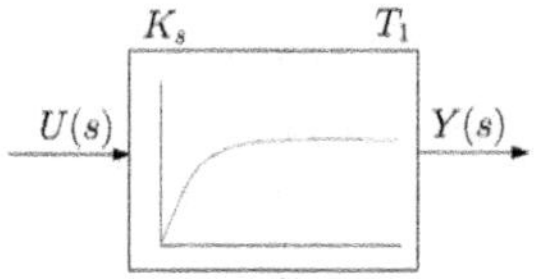

$$G_s = \frac{K_s}{1+T_1 s} \tag{5.37}$$

Abb. 5.16: Blockschaltbild PT_1-Glied.

Diese Verzögerung wird durch das Vorhanden sein von Energiespeichern im System verursacht. Beispiele hierfür sind der Tiefpass (s. Abb.5.6) oder Feder-Dämpfer-Systeme ohne Masse. Im Zeitbereich entspricht ein PT_1-Glied einer Differenzialgleichung erster Ordnung

$$\dot{y}(t)T_1 + y(t) = K_s u(t). \tag{5.38}$$

Die Lösung dieser Differenzialgleichung ist die Systemantwort. Um eine lineare Differenzialgleichung lösen zu können, benötigt man ein definiertes Eingangssignal und den Anfangszustand der Differenzialgleichung. Es wird angenommen, dass das Eingangssignal dem Einheitssprung $u(t) = 1\sigma(t)$ entspricht und der Anfangswert den Wert Null ($y(0) = 0$) annimmt. Für die homogene Lösung unter Verwendung des Eulerschen Ansatz [BS77, NCV⁺85] $y(t) = e^{\lambda\, t}$ erhält man

$$\begin{aligned} \lambda \cancel{e^{\lambda t}} T_1 + \cancel{e^{\lambda t}} &= 0 \\ \lambda T_1 + 1 &= 0 \quad \curvearrowright \quad \lambda = -\frac{1}{T_1} \\ y_{homogen} &= C_1 e^{-\frac{1}{T_1}t}. \end{aligned} \tag{5.39}$$

Der partikuläre Ansatz [BS77, NCV$^+$85] ist auf Grund der rechten Seite der Differenzialgleichung: $\bar{y} = r_0$. Für die partikuläre Lösung ergibt sich

$$\begin{aligned} \dot{\bar{y}}T_1 + \bar{y} &= K_s u(t) \\ \dot{r}_0 T_1 + r_0 &= K_s * 1 \quad \curvearrowright \quad r_0 = K_s. \end{aligned} \tag{5.40}$$

Für die Lösung der Differenzialgleichung erhält man

$$\begin{aligned} y(t) &= y_{homogen} + r_0 \\ y(t) &= C_1 e^{-\frac{1}{T_1}t} + K_s. \end{aligned} \tag{5.41}$$

Unter Verwendung des Anfangswertes $y(0) = 0$ kann die Konstante C_1 bestimmt werden.

$$y(0) = C_1 + K_s \quad \curvearrowright \quad C_1 = -K_s. \tag{5.42}$$

Für die Systemantwort (Ausgangssignal) ergibt sich

$$y(t) = K_s(1 - e^{-\frac{1}{T_1}t}). \tag{5.43}$$

Das Ausgangssignal $y(t)$ nimmt für $t = 0$ den Wert Null an und für $t \rightarrow \infty$ konvergiert $y(t)$ gegen den Übertragungsfaktor K_s (s. Abb.5.17). Aus der Systemantwort $y(t)$ lässt sich auch der zweite Parameter - die Zeitkonstante T_1 - eines PT_1-Gliedes, durch Anlegen einer Tangente an den Verlauf des Ausgangssignals $y(t)$, ermitteln. Der Schnittpunkt der Tangenten mit dem stationären Endwert $K_s = 1$ ergibt die Zeitkonstante $T_1 = 1s$ (s. Abb.5.17).

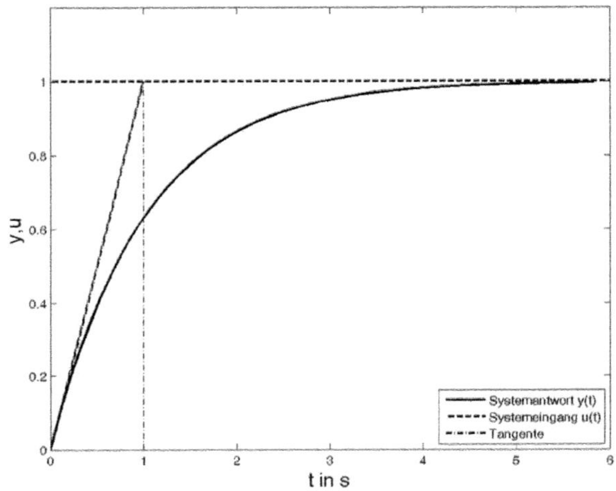

Abb. 5.17: Sprungantwort: PT_1-Glied.

Für den Frequenzgang gilt

$$G(j\omega) = \frac{K_s}{1 + T_1 j\omega}. \tag{5.44}$$

Um den Betrag des Frequenzganges analytisch angeben zu können, muss dieser in seinen Real- und Imaginärteil aufgespalten werden. Aus diesem Grund wird der Frequenzgang mit dem konjugiert komplexen Term $(1 - T_1 \omega)$ im Zähler und Nenner erweitert.

$$\begin{aligned} G(j\omega) &= \frac{K_S(1 - T_1 j\omega)}{(1 + T_1 j\omega)(1 - T_1 j\omega)} \\ &= \frac{K_s(1 - T_1 j\omega)}{1 + T_1^2 \omega^2} \end{aligned} \tag{5.45}$$

Für den Amplitudengang und die Phase ergibt sich somit

$$|G(j\omega)| = \frac{K_s}{\sqrt{1+T_1^2\omega^2}} \tag{5.46}$$

$$\phi(\omega) = arctan\left(\frac{\Im\{G(j\omega)\}}{\Re\{G(j\omega)\}}\right) = -arctan(T_1\omega). \tag{5.47}$$

Für ein PT_1-Glied sind die Frequenzkennlinien in der Abb.5.18 dargestellt. Die Eckfrequenz beträgt $\omega_E = \frac{1}{1*2\pi} = 0.159\ Hz$. Für die Verstärkung an der Eckfrequenz erhält man

$$A_E = 20log_{10}\left(\frac{K_s}{\sqrt{1+T_1^2\omega^2}}\right) = 20log_{10}\left(\frac{1.0}{\sqrt{1+1^2*(0.159*2\pi)^2}}\right) = -3.01\ dB.$$

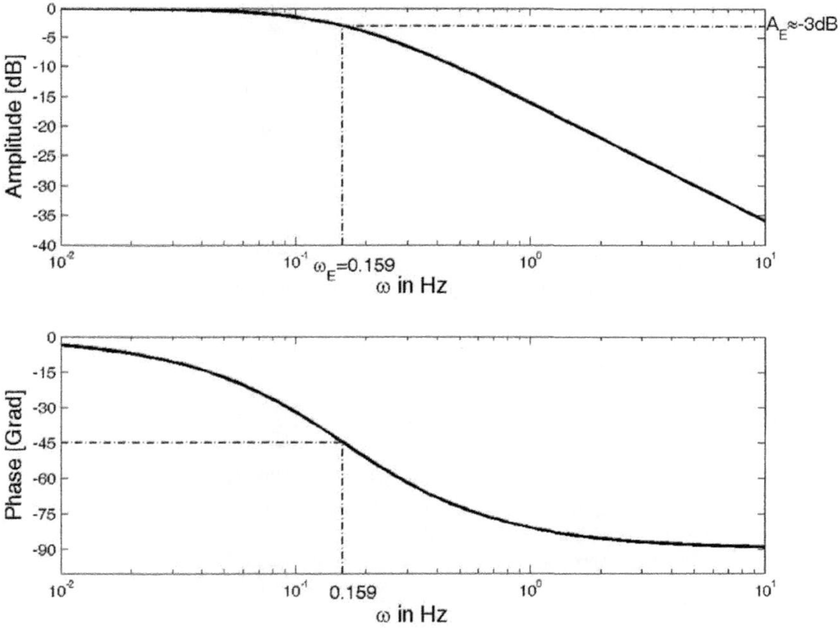

Abb. 5.18: Bode-Diagramm: PT_1-Glied; $K_s = 1$ und $T_1 = 1s$.

Für den Übertragungsfaktor erhält man: $K_s = 10^{\frac{0}{20}} = 1$. Die Phase verläuft, wie bereits im letzten Abschnitt erörtert, zwischen Null und -90°. Für die Grenzwerte der Ortskurve (s. Abb.5.19) ergeben sich

$$\omega = 0 \curvearrowright G(j\omega) = K_s \qquad \text{und} \qquad \omega = \infty \curvearrowright G(j\omega) = 0.$$

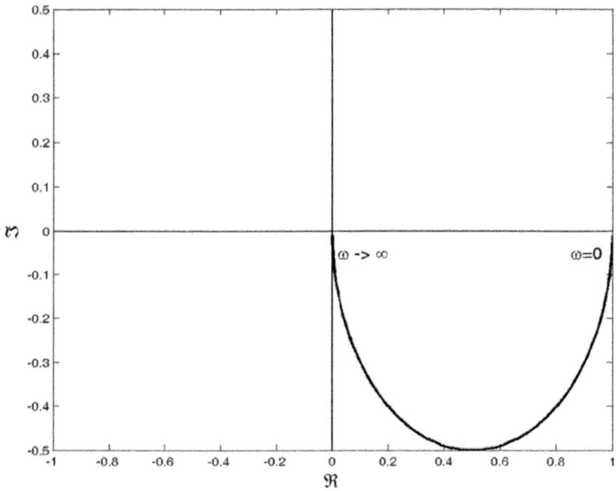

Abb. 5.19: Ortskurve: PT_1-Glied; $K_s = 1$ und $T_1 = 1s$.

Beispiel 5.2
Gegeben sei folgende Übertragungsfunktion.

$$G(s) = \frac{6}{3+4s}$$

a) Wie groß sind die Kennwerte K_s (Übertragungsfaktor) und T_s (Zeitkonstante)?
b) Für $\omega = [0.1, 0.2, 0.5, 1, 2, 5, 10]$ ist eine Tabelle aufzustellen:
$| \ \omega \ [rad/s] \ | \ Re \ | \ Im \ | \ 20 * log_{10}|G(j\omega)| \ | \ \phi(\omega)$ Hinweis: Für die Lösung der Aufgabe ist ein Skript (m-file), unter Verwendung von Matlab [Mat09], zu erstellen!
c) Wie groß ist die Eckfrequenz ω_E?

Lösung a)
$K_s = 2$ und $T_s = 4/3$

Lösung b)
Betrag:

$$20log_{10}|G(j\omega)| = 20log_{10}\left(\frac{2}{\sqrt{1+(\frac{4}{3})^2\omega^2}}\right)$$

Phase:

$$\phi(\omega) = -arctan\left(\frac{4}{3}\omega\right)$$

Die Lösung mit Matlab [Mat09] ergibt folgendes *m*-Skript.

```
w = [0.1 0.2 0.5 1 2 5 10];          % Frequenzvektor in rad/s
G_jw = 6./(3+4*j.*w).^-1;            % Frequenzgang
Re = 2./(1+(16/9).*w.^2);
Im = -(8/3).*w./(1+(16/9).*w.^2);
Betrag_G = 2./sqrt(1+(16/9).*w.^2); % Betrag von G(jw)
phi = atan(-4.*w/3);                 % phi in Bogenmaß
phi_grad = phi*180/pi;               % phi in Grad!
[w' Re' Im' 20*log10(Betrag_G)' phi_grad'] % Tabelle

% Kontrolle der Ergebnisse
Gs1 = tf([0 6],[4 3]); bode(Gs1); grid on; % Bode-Diagramm
```

Tabelle:

w [rad/s]	Re	Im	20log10(|G|)	phi
0.1000	1.9651	-0.2620	5.9441	-7.5946
0.2000	1.8672	-0.4979	5.7223	-14.9314
0.5000	1.3846	-0.9231	4.4236	-33.6901
1.0000	0.7200	-0.9600	1.5836	-53.1301
2.0000	0.2466	-0.6575	-3.0702	-69.4440
5.0000	0.0440	-0.2934	-10.5542	-81.4692
10.0000	0.0112	-0.1492	-16.5025	-85.7108

Lösung c)
$\omega_E = 3/4$

5.2.5 PT_2-Glied

Damit ein System nach einem Einheitssprung schwingt, müssen im System zwei unterschiedliche Energiespeicher vorhanden sein und überdies darf die Dämpfung im System nicht zu groß sein. Beispiele hierfür sind das Feder-Masse-System (Energiespeicher sind Masse m und Feder c) und der *RLC*-Schwingkreis (Energiespeicher sind Spule L und Kondensator C).

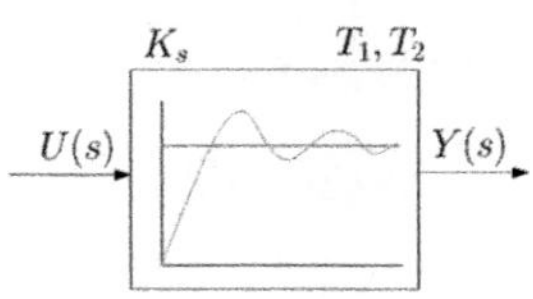

Abb. 5.20: Blockschaltbild PT_2-Glied.

$$G_s = \frac{K_s}{1+T_1 s+T_2^2 s^2} \quad (5.48)$$

$$= \frac{K_s\,\omega_0^2}{\omega_0^2+2D\omega_0 s+s^2} \quad (5.49)$$

$$= \frac{K_s}{1+2DT_2 s+T_2^2 s^2} \quad (5.50)$$

Die Übertragungsfunktion (5.48) hat als Koeffizienten den Übertragungsfaktor K_s und die beiden Zeitkonstanten T_1 und T_2.

Die Übertragungsfunktionen (5.49) und (5.50) sind adäquate Formen von (5.48) in denen einerseits explizit die **Dämpfungskonstante** D und die **Eigenkreisfrequenz** des ungedämpften Systems ω_0 bzw. die **Zeitkonstante** T_2 und die **Dämpfungskonstante** auftreten. Diese Übertragungsfunktionen erhält man, indem man in der Übertragungsfunktion (5.48) die Zeitkonstanten T_1, T_2 bzw. in (5.49) ω_0 durch die Kenngrößen [LW07, Sch07]

$$T_2 = \frac{1}{\omega_0} \tag{5.51}$$

$$D = \frac{T_1}{2T_2} \tag{5.52}$$

substituiert. Für die Eigenkreisfrequenz des gedämpft schwingenden Systems gilt

$$\omega_D = \omega_0\sqrt{1-D^2}. \tag{5.53}$$

Eine weitere Kenngröße ist die **Abklingkonstante**

$$\delta = D\omega_0. \tag{5.54}$$

Für die Übertragungsfunktion (5.48) erhält man unter Verwendung der Rücktransformation in den Zeitbereich eine **Differenzialgleichung zweiter Ordnung**.

$$T_2^2\ddot{y}(t) + T_1\dot{y}(t) + y(t) = K_s u(t) \tag{5.55}$$

Die Lösung dieser Gleichung ist die Systemantwort $y(t)$.
Wir wollen im Folgenden die analytische Lösung der Differenzialgleichung bestimmen (Eingangssignal: $u(t) = \sigma(t)$, Anfangswerte: $\dot{y} = y(0) = 0$). Für die homogene Lösung unter Verwendung des Eulerschen Ansatzes [BS77, NCV+85] $y(t) = e^{\lambda\, t}$ ergibt sich

$$T_2^2\lambda^2 \cancel{e^{\lambda t}} + T_1\lambda \cancel{e^{\lambda t}} + \cancel{e^{\lambda t}} * 1 = 0$$

$$\Rightarrow \quad \lambda_{1,2} = -\frac{T_1}{2T_2^2} \pm \sqrt{\left(\frac{T_1}{2T_2^2}\right)^2 - \frac{1}{T_2^2}}. \tag{5.56}$$

Mit den oben eingeführten Kenngrößen lauten die Wurzeln der charakteristischen Gleichung

$$\lambda_{1,2} = -D\omega_0 \pm \sqrt{(D\omega_0)^2 - \omega_0^2} = -\delta \pm j\omega_D. \tag{5.57}$$

Da die Lösung der Eigenwerte $\lambda_{1,2}$ konjugiert komplex ist, wird der Ansatz [BS77, NCV+85]

$$y_{homogen}(t) = e^{-\delta t}[C_1 sin(\omega_D t) + C_2 cos(\omega_D t)] \tag{5.58}$$

verwendet.

Für die partikuläre Lösung für $u(t) = 1\sigma(t)$, d. h. $u(t) = 1$, ergibt sich der Ansatz [BS77,NCV+85]: $\bar{y} = r_0$. Wir benötigen die Ableitungen der Konstanten r_0: $\dot{\bar{y}} = \ddot{\bar{y}} = 0$. Diese Ergebnisse werden in die Differenzialgleichung (5.55) eingesetzt:

$$T_2^2\ddot{\bar{y}}(t) + T_1\dot{\bar{y}}(t) + \bar{y}(t) = K_s\, u(t)$$

$$0 + 0 + r_0\sigma(t) = K_s\, u(t) \qquad r_0 = K_s\, u(t) \quad \Rightarrow \quad \bar{y}(t) = K_s * 1. \tag{5.59}$$

Die Lösung der Differenzialgleichung ist

$$\begin{aligned} y(t) &= y_{homogen}(t) + \bar{y}(t) \\ y(t) &= e^{-\delta t}[C_1 sin(\omega_D t) + C_2 cos(\omega_D t)] + K_s. \end{aligned} \tag{5.60}$$

Um die vollständige Lösung für $y(t)$ angeben zu können, müssen in einem letzten Schritt die Konstanten C_1 und C_2 bestimmt werden. Zunächst verwenden wird die Gleichung (5.60) und betrachten diese zum Zeitpunkt $t = 0$.

$$\begin{aligned} y(t) &= e^{-\delta t}[C_1 sin(\omega_D t) + C_2 cos(\omega_D t)] + K_s \\ 0 &= C_2 + K_s \end{aligned} \tag{5.61}$$

Des Weiteren müssen wir die Gleichung (5.60) nach der Zeit ableiten und gleichfalls zum Zeitpunkt $t = 0$ betrachten.

$$\begin{aligned} \dot{y}(t) &= -\delta e^{-\delta t} C_1 sin(\omega_D t) + e^{-\delta t} C_1 \omega_D cos(\omega_D t) - \\ &\quad \delta e^{-\delta t} C_2 cos(\omega_D t) - e^{-\delta t} C_2 \omega_D sin(\omega_D t) \\ 0 &= 0 + \omega_D C_1 - \delta C_2 + 0 \end{aligned} \tag{5.62}$$

Die Gleichungen (5.62) und (5.61) bilden ein lineares Gleichungssystem.

$$\begin{aligned} 0 &= \omega_D C_1 - \delta C_2 \\ 0 &= 0 + C_2 + K_s \\ &= \curvearrowright \quad C_1 = -K_s \frac{\delta}{\omega_e} \quad C_2 = -K_s \end{aligned} \tag{5.63}$$

Für die Lösung der Differenzialgleichung zweiter Ordnung erhält man

$$\begin{aligned} y(t) &= e^{-\delta t}\left[-K_s \frac{\delta}{\omega_D} sin(\omega_D t) - K_s cos(\omega_D t)\right] + K_s \\ &\quad mit \quad \delta = D\omega_0 \\ y(t) &= K_s\left(1 - \frac{e^{-D\omega_0 t}}{\omega_D}[D\omega_0 sin(\omega_D t) + \omega_D cos(\omega_D t)]\right). \end{aligned} \tag{5.64}$$

Im Folgenden wollen wir untersuchen, wie unterschiedliche Dämpfungskonstanten D das Systemverhalten eines PT_2-Gliedes beeinflussen. Insgesamt lassen sich **fünf Fälle** [Sch07] angeben:

1. Ist die Dämpfung D gleich Null, handelt es sich um ein *ungedämpftes System*. Ist $D = 0$, muss auch $T_1 = 0$ sein (s. Gl.(5.52)).

$$y(t) = K_s(1 - cos(\omega_D t)). \tag{5.65}$$

2. Die Dämpfung liegt im Bereich $0 < D < 1$, d. h. das System ist *gedämpft*.

$$y(t) = K_s\left(1 - \frac{e^{-\delta t}}{\omega_D}[\delta sin(\omega_D t) + \omega_D cos(\omega_D t)]\right) \tag{5.66}$$

3. Die Dämpfung D hat den Wert eins. Es liegt hier der *aperiodische Grenzfall* vor. Dieser Fall tritt auf für $T_1 = 2T_2$ (s. Gl.(5.52)).

$$y(t) = K_s\left(1-(1+\delta t)e^{-\delta t}\right) \tag{5.67}$$

4. Ist die Dämpfung D größer 1 liegt der *aperiodischer Fall* vor. Dieser Fall tritt auf für $T_1 > 2T_2$. Das System entspricht einer Reihenschaltung von zwei PT_1-Gliedern.
5. Ist die Dämpfung D kleiner Null, liegt ein *instabiles* PT_2-System vor. Instabilität bedeutet, dass die Sprungantwort gegen keinen festen Endwert konvergiert, sondern gegen unendlich.

Für den Frequenzgang erhält man aus (5.50) mit $s = j\omega$

$$G(j\omega) = \frac{K_s}{1+2DT_2 j\omega + T_2^2(j\omega)^2}. \tag{5.68}$$

Um den Betrag des Frequenzganges analytisch angeben zu können, ist die komplexe Funktion (5.68) in seinen Real- und Imaginärteil zu zerlegen. Zu diesem Zweck wird der Frequenzgang $G(j\omega)$ mit dem Term $[(1-T_2^2\omega^2)-2DT_2 j\omega]$ im Zähler und Nenner erweitert.

$$\begin{aligned} G(j\omega) &= \frac{K_s[(1-T_2^2\omega^2)-2DT_2 j\omega]}{[(1-T_2^2\omega^2)+2DT_2 j\omega][(1-T_2^2\omega^2)-2DT_2 j\omega]} \\ &= \frac{K_s(1-T_2^2\omega^2)}{(1-T_2^2\omega^2)^2+(2DT_2\omega)^2} - \frac{K_s 2DT_2\omega}{(1-T_2^2\omega^2)^2+(2DT_2\omega)^2} j \end{aligned} \tag{5.69}$$

Für den Amplitudengang und die Phase ergibt sich

$$|G(j\omega)| = \frac{K_s}{\sqrt{(1-T_2^2\omega^2)^2+(2DT_2\omega)^2}} \tag{5.70}$$

$$\phi(\omega) = arctan\left(\frac{\Im}{\Re}\right) = -arctan\left(\frac{2DT_2\omega}{1-T_2^2\omega^2}\right). \tag{5.71}$$

Die Betragskennlinie verläuft für niedrige Frequenzen parallel zur 0-dB-Linie. Bei einem un- bzw. gedämpften Schwingungssystem (Fälle 1,2) tritt eine Resonanzerhöhung $A_{H[dB]}$ bei der Resonanzfrequenz ω_r auf. Für $\omega > \omega_r$ fällt die Betragskennlinie mit $-40dB/Dekade$ ab. Die Phase verläuft von 0^o(niedrige Frequenzen) und konvergiert für höhere Frequenzen gegen -180°. Für die Grenzwerte der Ortskurve ergeben sich

$$\omega = 0 \curvearrowright G(j\omega) = K_s$$
$$\omega = \infty \curvearrowright G(j\omega) = 0.$$

Beispiel 5.3
Gegeben sei die Übertragungsfunktion

$$G(s) = \frac{3}{2+s+2s^2}$$

a) Wie groß sind die Kennwerte K_s (Übertragungsfaktor), T_2 (Zeitkonstante) und D (Dämpfungskonstante)?

b) Stellen Sie für unterschiedliche Dämpfungskonstanten $D = 0.25, 0.5, 0.75, 1$ die Systemantwort grafisch dar! Hinweis: Für die Lösung der Aufgabe ist ein Skript (m-file), unter Verwendung von Matlab [Mat09], zu erstellen!

c) Stellen Sie den Frequenzgang im Bode-Diagramm dar! Wie groß ist die Resonanzfrequenz ω_r und die auftretende Resonanzerhöhung $A_{H[dB]}$ bei einer Dämpfung von $D = 0.25$?

d) Stellen Sie die Ortskurve grafisch dar!

Lösung a)

$$G(s) = \frac{K_s}{1+2DT_2s+T_2^2s^2} = \frac{1.5}{1+0.5s+s^2}$$

Für die Verstärkung ergibt sich somit $K_s = 1.5$, die Zeitkonstante ist $T_2 = 1s$ und die Dämpfungskonstante ist $D = 0.25$.

Lösung b)

Das folgende Skript stellt eine mögliche Lösung mit Matlab [Mat09, AB09] dar.

```
D=0.25; Gs =tf([Ks],[T^2 2*D*T 1]); [y1 t1]=step(Gs);
D=0.5; Gs =tf([Ks],[T^2 2*D*T 1]);  [y2 t2]=step(Gs);
D=0.75; Gs =tf([Ks],[T^2 2*D*T 1]); [y3 t3]=step(Gs);
D=1.0; Gs =tf([Ks],[T^2 2*D*T 1]);  [y4 t4]=step(Gs);

figure(3)
plot(t1,y1,'k','Linewidth',2); hold on;
plot(t2,y2,'k--','Linewidth',2); hold on;
plot(t3,y3,'k-.','Linewidth',2); hold on;
plot(t4,y4,'k','Marker','*','Linewidth',2); hold on;
plot([0 10],[1.5 1.5],'k','Linewidth',1), hold on;
legend('D=0.25','D=0.50','D=0.75','D=1.0')
axis([0 10 0 3]);
ylabel('y(t)','FontSize', 16); xlabel('t in [s]','FontSize', 16);
```

Die Systemantwort für unterschiedliche Dämpfungskonstanten ist in der Abb.5.21 dargestellt.

Lösung c)

Für die Resonanzfrequenz ω_r ergibt sich [Jör95]

$$\begin{aligned} \omega_r &= \omega_0\sqrt{1-2D^2} \quad für \quad 0 \leq D \leq \sqrt{2}/2 \\ &= 1s^{-1}\sqrt{1-0.125} \\ &= 0.935\ rad/s = 0.149\ Hz. \end{aligned} \tag{5.72}$$

Für die Resonanzerhöhung $A_{H[dB]}$ gilt [Jör95]

$$\begin{aligned} A_{H[dB]} &= 20log_{10}\left(\frac{1}{2D\sqrt{1-D^2}}\right) \\ &= 20log_{10}\left(\frac{1}{0.5\sqrt{1-0.25^2}}\right) = 6.30\ dB. \end{aligned} \tag{5.73}$$

Der Übertragungsfaktor K_s lässt sich aus dem Amplitudengang bestimmen. Für niedere Frequenzen verläuft die Betragskennlinie parallel zur 0-dB-Linie (s. Abb.5.22, oben). Für die Verstärkung liest man einen Wert von ungefähr $A_{dB} = 3.5\ dB$ ab. Die Verstärkung bei der Resonanzfrequenz $\omega_r = 0.149\ Hz$ ist somit

$$\begin{aligned} A_r &= A_{dB} + A_{H[dB]} \\ &= 3.5\ dB + 6.30\ dB = 9.8\ dB. \end{aligned}$$

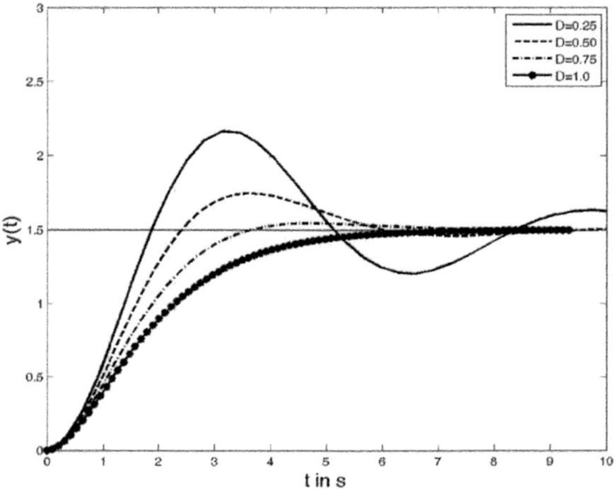

Abb. 5.21: Systemantwort einer PT_2-Übertragungsfunktion für unterschiedliche Dämpfungskonstanten.

Ein Matlab-Skript [Mat09, AB09] zur Darstellung der Frequenzkennlinien eines PT_2-Gliedes kann folgende Struktur aufweisen.

```
Ks = 1.5;
T = 1;          % Zeitkonstante
D = 0.25;       % Dämpfung
omega = logspace(-2,2,200);  % Frequenzvektor
Gs = Ks./(1+2*D*T*j*omega+T^2*(j*omega).^2);    % Übertragungsfunktion

% im Bereich Hz!
figure(1)
clf
subplot(211)
loglog(omega/(2*pi), abs(Gs),'k','LineWidth',2); hold on;
loglog([0.935/(2*pi) 0.935/(2*pi)],[10^(-80/20) 10^(9.82/20)],'k-.');
loglog([0.935/(2*pi) 10],[10^(9.82/20) 10^(9.82/20)],'k-.'); hold on;
loglog([0.01 10],[10^(3.52/20) 10^(3.52/20)],'k-.'); hold on;
loglog([0.01 1],[10^(-28/20) 10^(-28/20)],'k-.'); hold on;
loglog([0.01 10],[10^(-68/20) 10^(-68/20)],'k-.'); hold on;
loglog([1 1],[10^(-80/20) 10^(-28/20)],'k-.'); hold on;
text(1.2,10^(-50/20),'-40dB/Dekade','FontSize', 11);
text(10.2,10^(10.5/20),'A_r=9.8dB','FontSize', 11);
text(10.2,10^(0.5/20),'A_{dB}=3.5dB','FontSize', 11)
text(0.140,10^(-87/20),'0.149','FontSize', 12);
ylabel('Amplitude [dB]','FontSize', 14);
xlabel('\omega in Hz','FontSize', 14);
xlim([0.01 10]);  % Skalierung x-Achse
skala = -100:10:40; %Gewünschte Achsaufteilung
```

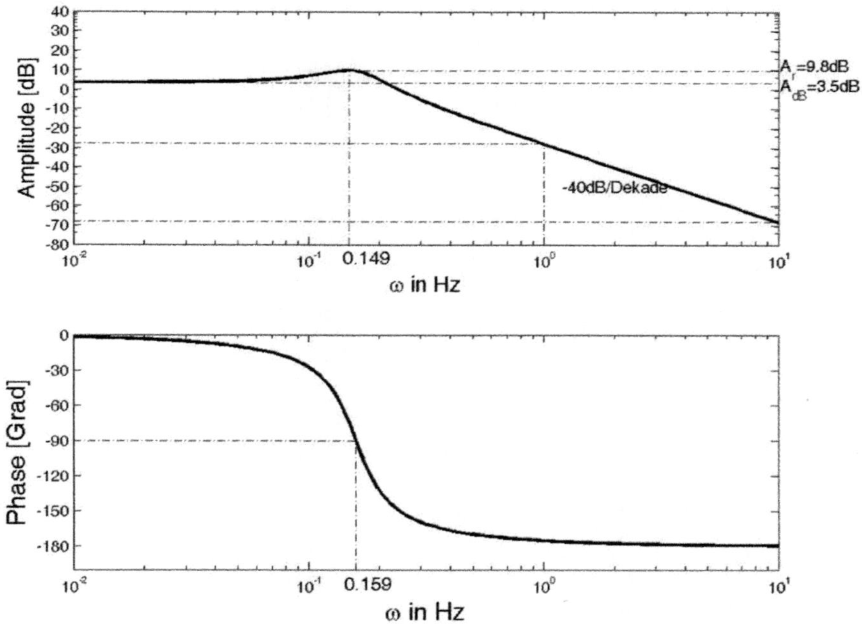

Abb. 5.22: Bode-Diagramm: PT_2-Glied; $K_s = 1.5$, $D = 0.25$ und $T_2 = 1s$.

```
set(gca, 'ytick', 10.^(skala/20));
set(gca, 'yticklabel', skala);

subplot(212)
semilogx(omega/(2*pi), angle(Gs)*180/pi,'k','LineWidth',2); hold on;
semilogx([0.159 0.159],[-200 -90],'k-.'); hold on;
semilogx([0.01 0.159],[-90 -90],'k-.'); hold on;
text(0.142,-212,'0.159','FontSize', 12)
xlabel('\omega in Hz','FontSize', 16);
ylabel('Phase [Grad]','FontSize', 16);
xlim([0.01 10]);     % Skalierung x-Achse
skala = -180:30:0; %Gewünschte Achsaufteilung
set(gca, 'ytick', skala); set(gca, 'yticklabel', skala);

print -djpeg bsp_PT2_glied01.jpg
```

Lösung d)
In der Abb.5.23 ist der charakteristische Verlauf der Ortskurve eines PT_2-Gliedes dargestellt. Die Ortskurve beginnt für $\omega = 0$ bei $K_s = 1.5$ im *IV*. Quadranten und konvergiert im *III*. Quadranten für $\omega \to \infty$ gegen Null.

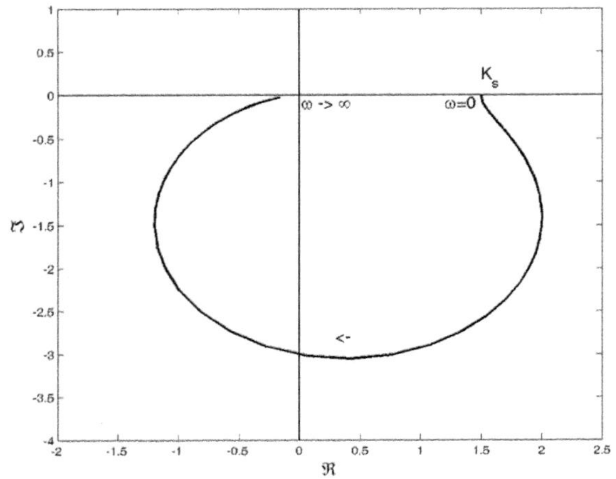

Abb. 5.23: Ortskurve: PT_2-Glied; $K_s = 1.5$, $D = 0.25$ und $T_2 = 1s$.

5.2.6 DT_1-Glied

Analog den PT_1-Gliedern „antworten" DT_1-Glieder gleichfalls mit einer Zeitverzögerung. Diese Verzögerung wird durch das Vorhandensein von Energiespeichern im System erklärt. Im Gegensatz zum PT_1-Verhalten tritt aber die Eingangsgröße als abgeleitete Größe $\dot{u}(t)$ auf (s. Abb.5.24).

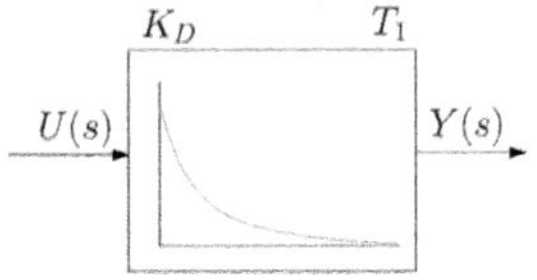

$$G_s = \frac{K_D s}{1 + T_1 s} \quad mit \quad K_D = K_s T_1 \tag{5.74}$$

Abb. 5.24: Blockschaltbild DT_1-Glied.

Nenner- und Zählerpolynom der Übertragungsfunktion (5.74) eines DT_1-Gliedes sind identisch ($m = n$). Wir hatten bereits im Kapitel 3 erörtert, dass Übertragungssysteme mit dieser Eigenschaft auch *sprungfähige Systeme* genannt werden. Ein Beispiel für ein DT_1-Glied ist eine *RC*-Schaltung, die als Hochpass (s. Abb.5.6) ausgelegt wird. Im Zeitbereich entspricht ein DT_1-Glied einer Differenzialgleichung erster Ordnung.

$$\dot{y}(t)T_1 + y(t) = K_s T_1 \dot{u}(t) \tag{5.75}$$

Wir wollen im Folgenden die Sprunganwort $y(t)$ - d. h. die Reaktion des DT_1-Gliedes auf $u(t) = 1\sigma(t)$ - analytisch ermitteln. Eine Möglichkeit, diese Aufgabe zu lösen, ist die Untersuchung der Übertragungsfunktion im s-Bereich. Hierfür wird die Übertragungsfunktion $G(s) = \frac{U_a(s)}{U_e(s)}$ nach der Ausgangsgröße $Y(s)$ umgestellt.

$$Y(s) = G(s)U(s) \tag{5.76}$$

$$= \frac{K_s T_1 \not{s}}{1+T_1 s} \frac{1}{\not{s}} \tag{5.77}$$

$$= \frac{K_s T_1}{1+T_1 s} \tag{5.78}$$

Die Anwendung der Laplace-Rücktransformation (s. Tab.3.1, Zeile 4) ergibt unmittelbar die Systemantwort des DT_1-Systems.

$$y(t) = K_s e^{-\frac{t}{T_1}} \tag{5.79}$$

Das Ausgangssignal $y(t)$ nimmt für $t = 0$ den Wert der Verstärkung K_s an und für $t \to \infty$ konvergiert $y(t)$ gegen Null. Aus der Systemantwort $y(t)$ lässt sich die Zeitkonstante T_1 durch Anlegen einer Tangente an dessen Verlauf ermitteln. Der Schnittpunkt der Tangente mit der t-Achse ergibt dann die Zeitkonstante T_1.
Für den Frequenzgang erhält man

$$G(j\omega) = \frac{K_s T_1 j\omega}{1+T_1 j\omega}. \tag{5.80}$$

Um den Betrag des Frequenzganges (5.80) analytisch angeben zu können, wird zunächst die komplexe Funktion in Real- und Imaginärteil getrennt. Zu diesem Zweck wird der Frequenzgang $G(j\omega)$ mit dem Term $(1 - T_1 j\omega)$ im Zähler und Nenner erweitert.

$$G(j\omega) = \frac{K_S T_1 j\omega(1-T_1 j\omega)}{(1+T_1 j\omega)(1-T_1 j\omega)}$$

$$= \frac{K_s T_1^2 \omega^2 + K_s T_1 \omega j}{1+T_1^2\omega^2}$$

$$= \frac{K_s T_1^2 \omega^2}{1+T_1^2\omega^2} + \frac{K_s T_1 \omega}{1+T_1^2\omega^2} j \tag{5.81}$$

Für den Amplitudengang ergibt sich somit

$$|G(j\omega)| = \frac{K_s T_1 \omega}{\sqrt{1+T_1^2\omega^2}}. \tag{5.82}$$

Für die Phase gilt

$$\phi(\omega) = arctan\left(\frac{\Im\{G(j\omega)\}}{\Re\{G(j\omega)\}}\right) = arctan\left(\frac{1}{T_1\omega}\right). \tag{5.83}$$

Die Betragskennlinie steigt für niedrige Frequenzen mit $+20\ dB$ bis zur Eckfrequenz $\omega_E = 0.159\ Hz$ an und bleibt für Werte größer der Eckfrequenz konstant. Aus der Eckfrequenz lässt sich die Zeitkonstante T_1 bestimmen.

$$T_1 = \frac{1}{2\pi\omega_E} \tag{5.84}$$

Die Phase verläuft von $+90^o$ für niedrige Frequenzen und 0° für hohe Frequenzen. Für die Grenzwerte der Ortskurve ergeben sich

$$\omega = 0 \curvearrowright G(j\omega) = 0$$
$$\omega = \infty \curvearrowright G(j\omega) = K_s T_1.$$

Beispiel 5.4
Gegeben sei folgende Übertragungsfunktion

$$G(s) \quad = \quad \frac{2s}{s+1}$$

a) Wie groß sind die Kennwerte K_s (Übertragungsfaktor) und T_1 (Zeitkonstante)? Stellen Sie die Systemantwort (Sprungantwort) grafisch dar!

b) Bestimmen Sie analytisch den stationären Endwert $y(t \to \infty)$ mithilfe des Endwertsatzes der Laplace-Transformation!

c) Für $\omega = [0.010, 0.047, 0.159, 0.636, 1.59, 9.99, 14.323]$ ist eine Tabelle aufzustellen:
| ω Hz | Re | Im | $20 * log_{10}|G(j\omega)|$ | $\phi(\omega)$
Hinweis: Für die Lösung der Aufgabe ist ein Skript (m-file), unter Verwendung von Matlab [Mat09], zu erstellen!

d) Stellen Sie den Frequenzgang im Bode-Diagramm dar! Wie groß ist die Eckfrequenz ω_E? Ermitteln Sie den Übertragungsfaktor K_D!

e) Stellen Sie die Ortskurve grafisch dar!

Lösung a)
Der Koeffizientenvergleich der gegebenen Funktion mit der Übertragungsfunktion (5.74) ergibt $K_s = 2$ und $T_1 = 1\ s$ ($K_D = 2$). Aus der Sprungantwort $y(t)$ lässt sich gleichfalls die Zeitkonstante T_1 durch Anlegen einer Tangente an dessen Verlauf ermitteln (s. Abb.5.25). Der Schnittpunkt der Tangente mit der t-Achse ergibt $T_1 = 1\ s$.

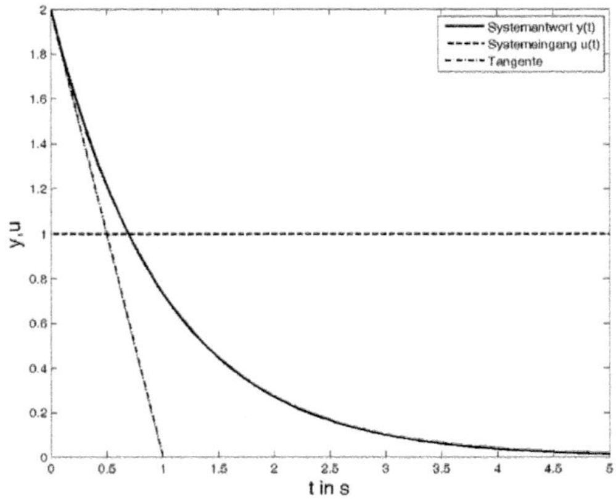

Abb. 5.25: Sprungantwort: DT_1-Glied; $K_s = 2$ und $T_1 = 1s$.

Lösung b)
Mit dem Endwertsatz der Laplace-Transformation erhält man

$$\begin{aligned} y(\infty) &= \lim_{s\to 0} sY(s) \\ &= \lim_{s\to 0} sG(s)U(s) \\ &= \lim_{s\to 0} \not{s}\frac{2s}{s+1}\frac{1}{\not{s}} = 0. \end{aligned} \tag{5.85}$$

Lösung c)
Eine mögliche Lösung mit Matlab [Mat09, AB09] könnte wie folgt aussehen.

```
clc         % löscht Bildschirm
close all   % schließt alle Bilder
clear all   % löscht alle Variablen

w = [0 0.064 0.3 0.5 1.0 2 4  10 20 62.8 90]; % in rad/s
for i=1:length(w)
    Re(i) = 2*w(i)^2/(1+w(i)^2);
    Im(i) = 2*w(i)/(1+w(i)^2);
    AdB(i) = 20*log10(2*w(i)/sqrt(1+w(i)^2));
    phi(i) = atan(1/w(i))*180/pi;
end
[w' Re' Im' AdB' phi']
```

Tabelle:

w [Hz]	Re	Im	20log10|G|	phi
0	0	0	-Inf	90.0000
0.0102	0.0082	0.1275	-17.8736	86.3381
0.0477	0.1651	0.5505	-4.8112	73.3008
0.1592	1.0000	1.0000	3.0103	45.0000
0.6366	1.8824	0.4706	5.7573	14.0362
1.5915	1.9802	0.1980	5.9774	5.7106
9.9949	1.9995	0.0318	6.0195	0.9123
14.3239	1.9998	0.0222	6.0201	0.6366

Lösung d)
Die Frequenzkennlinien sind in der Abb.5.26 dargestellt. Für den Frequenzgang gilt

$$G(j\omega) = \frac{2\omega^2}{1+\omega^2} + \frac{2\omega}{1+\omega^2} j. \tag{5.86}$$

Für den Amplituden- und Phasengang (s. Abb.5.26) ergibt sich

$$|G(j\omega)| = \frac{2\omega}{\sqrt{1+\omega^2}} \tag{5.87}$$

$$\phi(\omega) = = arctan\left(\frac{1}{\omega}\right). \tag{5.88}$$

Für die Eckfrequenz erhält man

$$\omega_E = \frac{1}{T_1 2\pi} = 0.159\ Hz. \tag{5.89}$$

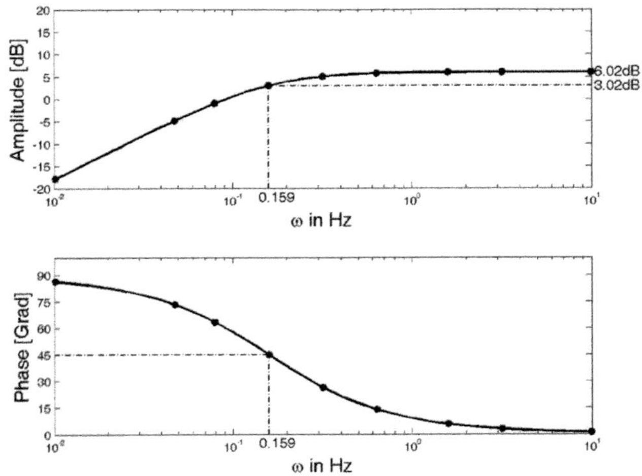

Abb. 5.26: Bode-Diagramm: DT_1-Glied; $K_s = 2$ und $T_1 = 1s$.

Aus dem Amplitudengang (s. Abb.5.26) erhält man für den Übertragungsfaktor $K_D = 10^{\frac{6.02}{20}} = 2$.

Lösung e)

In der Abb.5.27 ist der charakteristische Verlauf der Ortskurve eines DT_1-Gliedes dargestellt. Die Ortskurve beginnt für $\omega = 0$ bei Null im *II*. Quadranten und konvergiert im gleichen Quadranten für $\omega \to \infty$ gegen den reellen Wert $K_s T_1 = 2$.

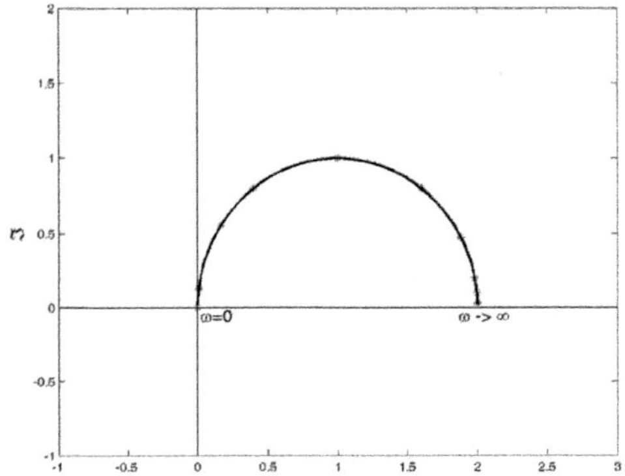

Abb. 5.27: Ortskurve: DT_1-Glied; $K_s = 2$ und $T_1 = 1s$.

5.2.7 IT_1-Glied

Das IT_1-Element wird durch eine Reihenschaltung eines I-und PT_1-Gliedes realisiert. Somit hat das IT_1-Glied eine integrierende und zeitverzögerte Wirkung (s. Abb.5.28). Ein Beispiel für ein System mit (abstrahierten) IT_1-Verhalten ist der Gleichstrommotor mit Drehwinkel als Ausgangsgröße.

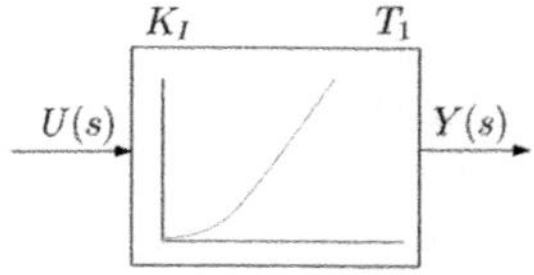

$$G(s) = \frac{K_s K_I}{s(1+T_1 s)} \tag{5.90}$$

Abb. 5.28: Blockschaltbild IT_1-Glied.

In der Übertragungsfunktion (5.90) ist K_s der Übertragungsfaktor des PT_1-Anteils und $K_I = \frac{1}{T_I}$ die Konstante des integralen Anteils. Im Zeitbereich entspricht das IT_1-Glied einer Differenzialgleichung zweiter Ordnung.

$$\ddot{y}(t)T_1 + \dot{y}(t) = K_s K_I u(t) \tag{5.91}$$

Wir wollen in Analogie zu den anderen elementaren Übertragungsgliedern die Sprungantwort $y(t)$ ermitteln. Aus Gründen der einfacheren Berechnung von $y(t)$ wählen wir - wie beim DT_1-Glied - den indirekten Weg über die Analyse im s-Bereich. Aus der Definition der Übertragungsfunktion $G(s) = \frac{U_a(s)}{U_e(s)}$ lässt sich relativ einfach die Ausgangsgleichung $Y(s)$ angeben.

$$Y(s) = G(s)U(s) \tag{5.92}$$

$$= \frac{K_I K_s}{(1+T_1 s)s}\frac{1}{s} \tag{5.93}$$

$$= \frac{K_I K_s}{(1+T_1 s)s^2} \tag{5.94}$$

Leider finden wir nun keine Korrespondenz in der Tab.3.1. Dies hat zur Folge, dass wir den Weg über die analytische Rücktransformation mittels Partialbruchzerlegung wählen müssen. Zunächst ändern wir das äußere Aussehen der Ausgangsfunktion $Y(s)$ in der Weise, dass man für $Y(s)$ ohne Mühe die Pole ablesen kann.

$$Y(s) = \frac{\frac{K_I K_s}{T_1}}{(\frac{1}{T_1}+s)s^2} \tag{5.95}$$

Die Übertragungsfunktion besitzt drei Pole, einen einfachen reellen Pol bei $s = -\frac{1}{T_1}$ und einen doppelten reellen Pol bei $s_{1,2} = 0$. Für den Ansatz der Partialbruchzerlegung (s. Kapitel 3, Fälle 1 und 2) erhält man

$$Y(s) = \frac{C_1}{s} + \frac{C_2}{s^2} + \frac{C_3}{(s+\frac{1}{T_1})}. \tag{5.96}$$

Wir müssen nun die Koeffizienten C_1, C_2, C_3 bestimmen und beginnen mit C_1. Die Anwendung der Gleichung (3.40) ergibt für $s = -\frac{1}{T_1}$

$$
\begin{aligned}
C_3 &= [(s+\frac{1}{T_1})Y(s)]_{s=-\frac{1}{T_1}} \\
&= \frac{\frac{K_I K_s}{T_1}\cancel{\left(s+\frac{1}{T_1}\right)}}{s^2\cancel{(s+\frac{1}{T_1})}} \\
&= \frac{K_I K_s}{T_1\left(\frac{-1}{T_1}\right)^2} = K_I K_s T_1. \qquad (5.97)
\end{aligned}
$$

Für den Koeffizienten C_2 ergibt sich für $s = 0$

$$
\begin{aligned}
C_2 &= [s^2 Y(s)]_{s=0} \\
&= \frac{\frac{K_I K_s}{T_1}\cancel{s^2}}{\cancel{s^2}\left(s+\frac{1}{T_1}\right)} \\
&= K_I K_s. \qquad (5.98)
\end{aligned}
$$

Nun wollen wir den Koeffizienten C_1 berechnen. Unangenehm ist nur, dass wir alle Pole $s = -\frac{1}{T_1}$ und $s = 0$ schon „verschossen“ haben. Wir müssen nun einen dritten Pol festlegen und wählen einfach $s = \infty$. Um eine Lösung für C_1 zu erhalten, multiplizieren wir die Ausgangsgleichung (5.96) mit dem Bildparameter “s“.

$$
\begin{aligned}
Y(s)s &= \frac{C_1 s}{s} + \frac{C_2 s}{s^2} + \frac{C_3 s}{(s+\frac{1}{T_1})} \\
\frac{K_I K_s \cancel{s}}{(1+T_1 s)s^{\cancel{2}}} &= \frac{C_1 \cancel{s}}{\cancel{s}} + \frac{K_I K_s \cancel{s}}{s^{\cancel{2}}} + \frac{K_I K_s T_1 s}{\left(s+\frac{1}{T_1}\right)} \qquad (5.99) \\
\frac{K_I K_s}{s\left(\frac{1}{s}+T_1\right)} &= C_1 + \frac{K_I K_s}{s} + \frac{K_I K_s T_1 \cancel{s}}{\cancel{s}\left(1+\frac{1}{T_1 s}\right)} \\
0 &= C_1 + 0 + K_I K_s T_1 \quad \curvearrowright \quad C_1 = -K_s K_I T_1 \qquad (5.100)
\end{aligned}
$$

Für die in den Zeitbereich zu transformierende Ausgangsgleichung ergibt sich somit

$$
Y(s) = -\frac{K_s K_I T_1}{s} + \frac{K_s K_I}{s^2} + \frac{K_s K_I T_1}{\left(s+\frac{1}{T_1}\right)}. \qquad (5.101)
$$

Aus der Korrespondenztabelle (Tab.3.1) werden nun die Zeile 3; 5 und 10 auf die einzelnen Terme in Gleichung (5.101) angewendet. Man erhält als Systemantwort auf einen Einheitssprung

$$
\begin{aligned}
y(t) &= -K_s K_I T_1 + t K_s K_I + K_s K_I T_1 e^{-\frac{t}{T_1}} \\
&= K_s K_I \left[t - T_1\left(1 - e^{-\frac{t}{T_1}}\right)\right]. \qquad (5.102)
\end{aligned}
$$

Aus dieser Gleichung liest man ab, dass für $t = 0$ das Ausgangssignal den Wert Null annimmt und für $t \longrightarrow \infty$ das Ausgangssignal gegen unendlich konvergiert.

Für den Frequenzgang eines IT_1-Gliedes erhält man

$$G(j\omega) = \frac{K_s K_I \omega}{j\omega(1+T_1 j\omega)} \tag{5.103}$$

$$= \frac{-K_s K_I}{(T_1\omega^2 - j\omega)}. \tag{5.104}$$

Um den Betrag des Frequenzganges analytisch angeben zu können, ist die komplexe Funktion in seinen Real- und Imaginärteil aufzuspalten. Zu diesem Zweck wird der Frequenzgang $G(j\omega)$ mit dem Term $(T_1\omega^2 + j\omega)$ im Zähler und Nenner erweitert.

$$G(j\omega) = \frac{-K_s K_I(T_1\omega^2 + j\omega)}{(T_1\omega^2 - j\omega)(T_1\omega^2 + j\omega)}$$

$$= -\frac{K_s K_I T_1 \omega^2}{(T_1^2\omega^4 + \omega^2)} - \frac{K_s K_I \omega}{(T_1^2\omega^4 + \omega^2)} j \tag{5.105}$$

Für den Amplitudengang ergibt sich somit

$$|G(j\omega)| = \frac{K_s K_I}{\sqrt{T_1^2\omega^4 + \omega^2}}$$

$$= \frac{K_s K_I}{\omega\sqrt{T_1^2\omega^2 + 1}}. \tag{5.106}$$

Für die Phase gilt

$$\phi(\omega) = arctan\left(\frac{\Im\{G(j\omega)\}}{\Re\{G(j\omega)\}}\right) - \pi = arctan\left(\frac{1}{T_1\omega}\right) - \pi. \tag{5.107}$$

Der *arctan* ist ausschließlich zwischen $-\pi \ldots +\pi$ definiert. Diese Eigenschaft bedingt, dass in der Gleichung (5.107) ein zusätzlicher Term $-\pi$ berücksichtigt werden muss.

Den Phasengang eines IT_1-Gliedes kann man sich als eine Kombination aus einem I-Glied und einem PT_1-Glied zusammengesetzt denken. Die Phase eines I-Gliedes beträgt konstant -90°. Die Phase eines PT_1-Gliedes beträgt für niedrige Frequenzen 0° und konvergiert mit steigender Frequenz gegen -90°. Die Phasengänge von I-und PT_1-Glied lassen sich im *Bode-Diagramm* **additiv** zusammensetzen. Im Ergebnis der „Addition" erhält man für niedrige Frequenzen eine Phase von -90° und für hohe Frequenzen eine Phase von $-90^o + (-)90^o = -180^o$. Der Amplitudengang eines IT_1-Gliedes fällt bis zur Eckfrequenz ω_E[4] mit $-20dB/Dekade$ und für Frequenzen größer ω_E mit $-40dB/Dekade$ ab. Das hier nur kurz skizzierte **additive Prinzip** eignet sich für die Konstruktion der Frequenzkennlinien zusammengesetzter Übertragungsfunktionen. Diese Methode wird allerdings in der Praxis kaum noch von Ingenieuren angewendet. Ingenieure und wissenschaftliche Mitarbeiter nutzen zu diesem Zweck in der Regel den *Personal Computer*. Der Vorteil eines „schnellen" Ergebnisses wird mit dem Nachteil erkauft, dass die systemtheoretischen Grundlagen bei vielen Ingenieuren „verloren gehen".

[4]Die Eckfrequenz ω_E lässt sich aus dem PT_1-Anteil bestimmen.

Für die Ortskurve erhält man unter Verwendung des Frequenzganges

$$G(j\omega) = -\frac{K_s K_I T_1}{(T_1^2\omega^2+1)} - \frac{K_s K_I}{(T_1^2\omega^3+\omega)} j \qquad (5.108)$$

die Grenzwerte:

$$\omega = 0 \curvearrowright G(j\omega) = -K_s K_I T_1 - \infty j \qquad \text{und} \qquad \omega = \infty \curvearrowright G(j\omega) = 0.$$

Beispiel 5.5
Gegeben sei die Übertragungsfunktion

$$G(s) = \frac{1}{s(0.5+s)}$$

a) Wie groß sind die Kennwerte K_s (Übertragungsfaktor) und T_1 (Zeitkonstante)?
Hinweis: $K_I = 1\ s^{-1}$. Ermitteln Sie die Systemantwort (Sprungantwort) und stellen Sie diese grafisch dar!

b) Bestimmen Sie analytisch den stationären Endwert $y(t \to \infty)$ mithilfe des Endwertsatzes der Laplace-Transformation!

c) Für $\omega = [0.001, 0.01, 0.02, 0.1, 0.3, 0.5, 1, 2, 9]$ ist eine Tabelle aufzustellen:
$|\ \omega\ [Hz]\ |\ Re\ |\ Im\ |\ 20 * log_{10}|G(j\omega)|\ |\ \phi(\omega)$

d) Stellen Sie den Frequenzgang im Bode-Diagramm dar! Ermitteln Sie die Zeitkonstante T_1 aus dem Bode-Diagramm! Zeigen Sie anhand der Frequenz $\omega = 0.03\ Hz$, dass das „Additions-Prinzip" gilt!

e) Stellen Sie die Ortskurve grafisch dar! Hinweis: Für die Lösung der Aufgabe ist ein Skript (m-file), unter Verwendung von Matlab [Mat09], zu erstellen!

Lösung a)

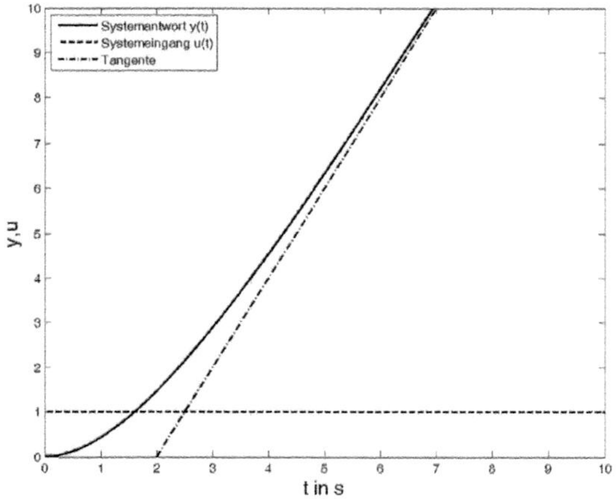

Abb. 5.29: Sprungantwort: IT_1-Gliedes; $K_s = 2$, $K_I = 1\ s^{-1}$ und $T_1 = 2s$.

Die Übertragungsfunktion wird umgeformt, d. h. Zähler und Nenner werden mit dem Faktor 2 multipliziert.

$$G(s) = \frac{2}{s(1+2s)} \tag{5.109}$$

Unter Zuhilfenahme der allgemeinen Übertragungsfunktion (5.90) erhält man durch Koeffizientenvergleich für den Übertragungsfaktor $K_s = 2$ und für die Zeitkonstante $T_1 = 2\ s$. Die Systemantwort (s. Abb.5.29) auf einen Einheitssprung ist unter Verwendung von Gl.(5.102)

$$y(t) = 2\left[t - 2\left(1 - e^{-\frac{t}{2}}\right)\right]. \tag{5.110}$$

Lösung b)
Mit dem Endwertsatz der Laplace-Transformation erhält man

$$\begin{aligned} y(\infty) &= \lim_{s\to 0} sY(s) \\ &= \lim_{s\to 0} sG(s)U(s) \\ &= \lim_{s\to 0} \not{s}\frac{2}{s(1+2s)}\frac{1}{\not{s}} = +\infty. \end{aligned} \tag{5.111}$$

Die Sprungantwort ist in der Abb.5.29 dargestellt. Der Verlauf der Ausgangsgröße $y(t)$ bestätigt das Ergebnis aus dem Endwertsatz. Legt man an den Verlauf von $y(t)$ eine Tangente an, die die Zeitachse schneidet, erhält man den Wert für die Zeitkonstante $T_1 = 2s$.

Lösung c)
Tabelle:

w [Hz]	Re	Im	20log10|G|	phi
0	-4.0000	-Inf	Inf	-90.0000
0.0010	-3.9994	-318.2596	50.0563	-90.7200
0.0100	-3.9378	-31.3361	29.9890	-97.1625
0.0200	-3.7623	-14.9699	23.7704	-104.1078
0.1000	-1.5509	-1.2342	5.9423	-141.4881
0.2000	-0.5467	-0.2175	-4.6067	-158.3030
0.3000	-0.2629	-0.0697	-11.3074	-165.1439
0.5000	-0.0988	-0.0157	-19.9946	-170.9569
1.0000	-0.0252	-0.0020	-31.9546	-175.4501
2.0000	-0.0063	-0.0003	-43.9753	-177.7215
9.0000	-0.0003	-0.0000	-70.0972	-179.4934

Lösung d)

Die Zeitkonstante T_1 lässt sich unmittelbar aus dem Phasengang ermitteln. Für die Zeitkonstante gilt $T_1 = \frac{1}{\omega_E}$. Bei einem PT_1-Glied liest man die Eckfrequenz ω_E bei einer Phase von $\phi = -45^o$ ab. Berücksichtigt man nun die Wirkung des I-Gliedes (Phase $\phi = -90^o$), kann man bei einer Phase von $\phi = -135^o$ (s. Abb.5.30) die entsprechende Eckfrequenz $\omega_E \approx 0.08\ Hz$ ablesen. Für die Zeitkonstante eines IT_1-Gliedes erhält man

$$T_1 = \frac{1}{\omega_E} = \frac{1}{0.08Hz * 2\pi} \approx 2\ s. \tag{5.112}$$

Der Amplitudengang eines IT_1-Gliedes ergibt sich aus der Addition der Betragskennlinien von I- und PT_1-Glied. Für unser Beispiel gilt $G_I(j\omega) = \frac{1}{j\omega}$ und $G_{PT1} = \frac{2}{1+2s}$ (s. Abb.5.31). Der Betrag des Frequenzganges des I-Gliedes hat bei $\omega = 0.159\ Hz$ den Wert $0dB$.

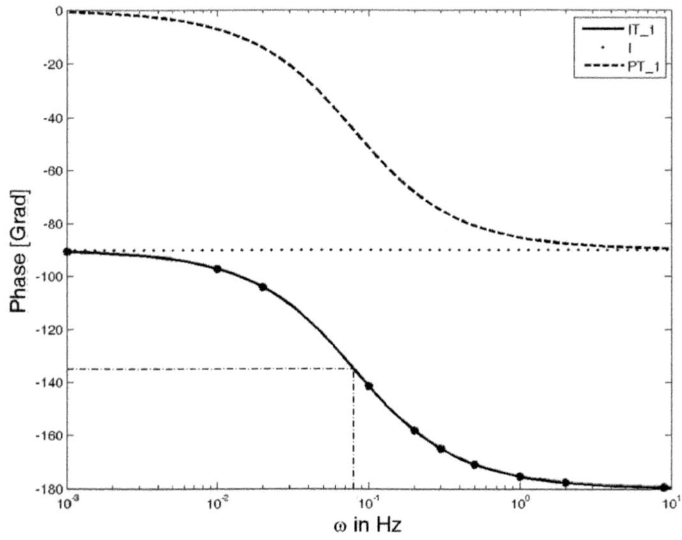

Abb. 5.30: Phasengänge: $K_s = 2$, $K_I = 1\ s^{-1}$ und $T_1 = 2s$; PT_1-Glied (gestrichelte Linie) I-Glied (Punktlinie), IT_1-Glied (schwarze Linie).

Daraus folgt, dass die Konstante den Wert $K_I = 10^{0dB/20} = 1\ s^{-1}$ hat. Der Amplitudengang eines I-Gliedes fällt mit $-20dB/Dekade$. Für das PT_1-Glied ermittelt man die Eckfrequenz $\omega_E = \frac{1}{T_1} \approx 0.08\ Hz$ (s. Abb.5.31, gestrichelter Verlauf). Für einen Übertragungsfaktor von $K_s = 2$ ergibt sich eine Verstärkung von $A_{dB} = 20log_{10}(2) = 6.02\ dB$ (s. Abb.5.31). Die Betragskennlinie eines IT_1-Gliedes fällt für $\omega > \omega_E$ mit $-40dB/Dekade$ ab.

Wir wollen im Folgenden überprüfen, ob das „Additions-Prinzip" wirklich anwendbar ist. Zu diesem Zweck betrachten wir die Amplitudengänge des I-und PT_1-Gliedes bei einer beliebig festgelegten Frequenz von $\omega = 0.003\ Hz = 0.019\ rad/s$. Für die einzelnen Beträge erhält man[5]

$$20log_{10}|G(j\omega)| = 20log_{10}\left(\frac{1}{0.019}\right) = 34.49\ dB \tag{5.113}$$

und

$$20log_{10}|G(j\omega)| = 20log_{10}\left(\frac{2}{\sqrt{1+4*0.019^2}}\right) = 6.02\ dB. \tag{5.114}$$

Die Addition der beiden Beträge ergibt

$$34.49\ dB + 6.02\ dB = 40.51\ dB. \tag{5.115}$$

Für den Betrag des IT_1-Gliedes erhält man an der Stelle $\omega = 0.019\ rad/s$ gleichfalls

$$20log_{10}|G(j\omega)| = 20log_{10}\left(\frac{2}{\omega\sqrt{4\omega^2+1}}\right) = 40.51\ dB. \tag{5.116}$$

[5]Hinweis: Man rechnet immer in [rad/s] nicht in [Hz]!

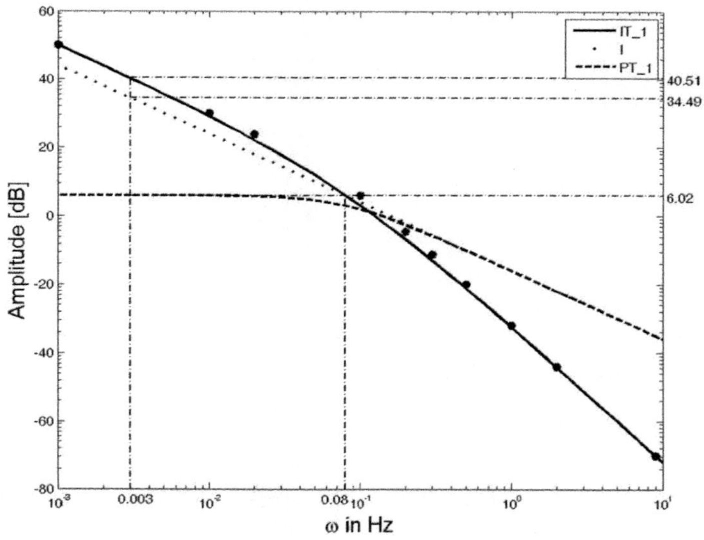

Abb. 5.31: Amplitudengänge: $K_s = 2$, $K_I = 1\ s^{-1}$ und $T_1 = 2s$; PT_1-Glied (gestrichelte Linie) I-Glied (Punktlinie), IT_1-Glied (schwarze Linie).

Ergebnis: Das „Additions-Prinzip" gilt!

Lösung e)

Zunächst schreiben wir ein Matlab-Skript für die Darstellung der Ortskurve (Funktion „nyquist00"), die Zählerpolynom (z), Nennerpolynom (n) und den definierten Frequenzbereich (omega) als Eingangsgrößen enthält.

```
function g_s = nyquist00(z,n,omega)
   zaehler_max = max(size(z));
   zaehler = z(zaehler_max);
   for i = zaehler_max-1:-1:1
     zaehler = zaehler.*(j.*omega) + z(i);
   end
   nenner_max = max(size(n));
   nenner = n(nenner_max);
   for i = nenner_max-1:-1:1
     nenner = nenner.*(j.*omega) + n(i);
   end
   g_s = zaehler./nenner;
```

In der Abb.5.32 ist der charakteristische Verlauf der Ortskurve eines IT_1-Gliedes dargestellt. Die Ortskurve beginnt für $\omega = 0$ im III. Quadranten bei einem reellen Wert von $-K_sK_IT_1$ und einem imaginären Wert von $-\infty\ j$ und konvergiert im gleichen Quadranten für $\omega \to \infty$ gegen den Koordinatenursprung.

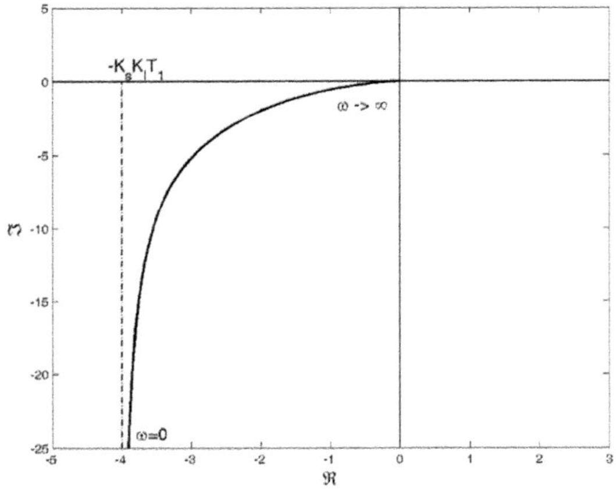

Abb. 5.32: Ortskurve: IT_1-Glied; $K_s = 2$, $K_I = 1\ s^{-1}$ und $T_1 = 2s$.

```
%Ortskurve
omega = logspace(-2,2,100);                      % Frequenzbereich
G     = nyquist00([Ks*Ki 0 0],[0 1 T],omega); % Definition der Übertragungsfunktion
% Achtung!! Reihenfolge s^0 + s + s^2 beachten!

figure(1)
plot(G,'k','Linewidth',2); hold on;
axis([-5 3 -25 5]);
plot([-5 3],[0 0],'k','Linewidth',1); hold on;
plot([0 0],[-25 5],'k','Linewidth',1); hold on;
plot([-Ks*T*Ki -Ks*T*Ki],[-25 0],'k-.','Linewidth',1); hold on;

ylabel('\Im','FontSize', 16);
xlabel('\Re','FontSize', 16);
text(-3.8,-24,'\omega=0','FontSize',14)
text(-0.9,-1.5, '\omega -> \infty','FontSize',14)
text(-4.2,0.8, '-K_sK_IT_1','FontSize',14)

print -djpeg bsp_IT1_glied02.jpg
```

5.3 Aufgaben

Aufgabe 5.1
Gegeben sei folgende Übertragungsfunktion:

$$G(s) = \frac{5}{2+6s}$$

a) Wie groß sind die Kennwerte K_s (Übertragungsfaktor) und T_s (Zeitkonstante)?

b) Für $\omega = [0.1, 0.2, 0.5, 1, 2, 5, 10]$ ist eine Tabelle aufzustellen:
$| \ \omega \ rad/s \ | \ Re \ | \ Im \ | \ 20 * log_{10}|G(j\omega)| \ | \ \phi(\omega)$

c) Wie groß ist die Eckfrequenz ω_E?

Aufgabe 5.2
Gegeben sei folgende Differenzialgleichung:

$$4\ddot{u}_a(t) + 0.5\dot{u}_a(t) + 2u_a(t) = 2u_e(t)$$

a) Berechnen Sie die Kenngrößen K_s, T_1, T_2!

b) Wie groß sind ω_0, D und δ!

Aufgabe 5.3
Gegeben sei folgende Differenzialgleichung:

$$\dot{u}_a(t) + 0.5u_a(t) = 2\dot{u}_e(t)$$

a) Um welches Übertragungsglied handelt es sich?

b) Berechnen Sie die Kenngrößen K_s, T_1!

c) Für $\omega = [0.1, 0.2, 0.5, 1, 2, 5, 10]$ ist eine Tabelle aufzustellen:
$| \ \omega \ rad/s \ | \ Re \ | \ Im \ | \ 20 * log_{10}|G(j\omega)| \ | \ \phi(\omega)$

Aufgabe 5.4
Eine Ingenieurin hat bei einer Messung folgendes Ausgangssignal (Systemantwort) im Zeitbereich ermittelt:

$$u_a(t) = \frac{3}{4}(2t + e^{-2t} - 1)$$

Bei dem System handelt es sich um ein PT_1-Glied mit der Verstärkung $K_s = 1$.

a) Mit welchem Eingangssignal $u_e(t)$ hat der Ingenieur das System beaufschlagt?
Hinweis:

$$y(t) = \frac{1}{a^2}(at + e^{-at} - 1) \quad \circ\!\!-\!\!\!-\!\!\!-\!\!\bullet \quad Y(s) = \frac{1}{(s+a)s^2}$$

Hinweis: Für die Einheit der Zeit gilt $[s]$*!*

Aufgabe 5.5

In der unteren Abb. ist das Systemverhalten auf einen Eingangssprung $x_e(t) = 1\sigma(t)$ dargestellt.

a) Um welches System handelt es sich hierbei?

b) Ermitteln Sie die Kennwerte K_s, T_1!

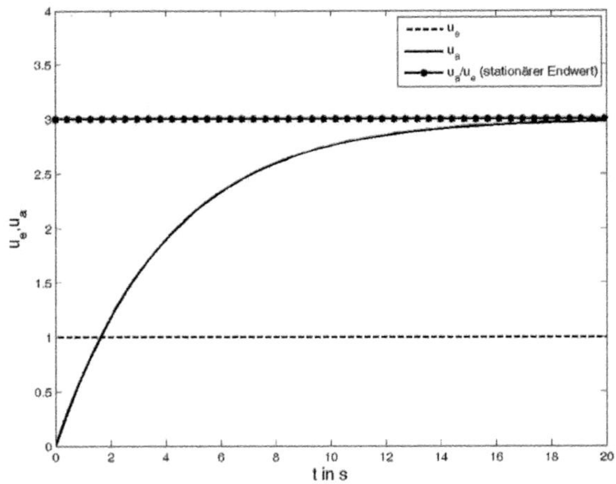

6 Anhang: Lösungen

6.1 Kapitel 1

Aufgabe 1.1
a) zeitinvariant, nichtlinear
b) zeitvariant, linear
c) zeitinvariant, linear
d) zeitinvariant, nichtlinear
e) zeitvariant, nichtlinear

Aufgabe 1.2

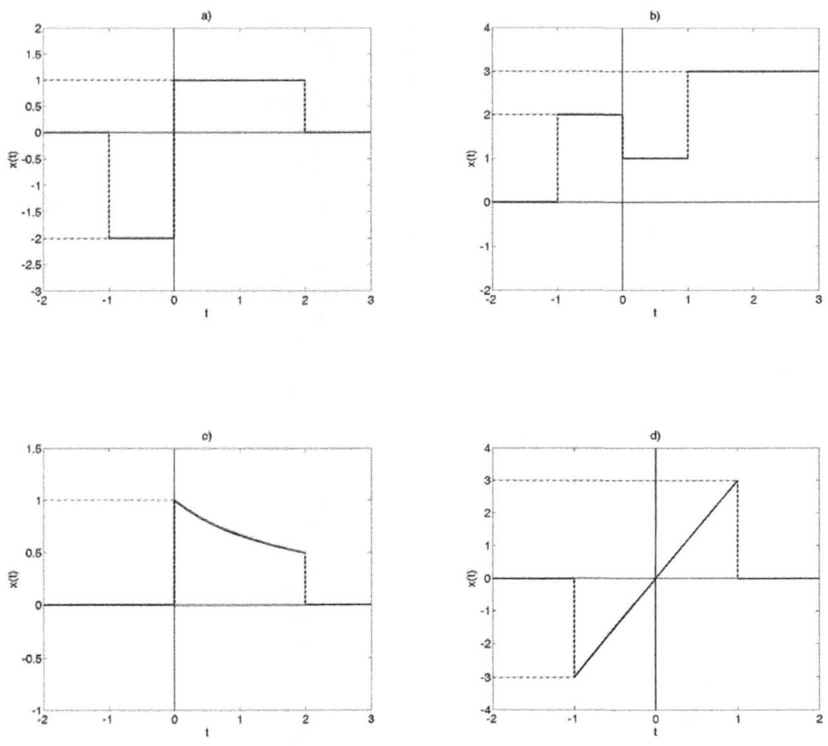

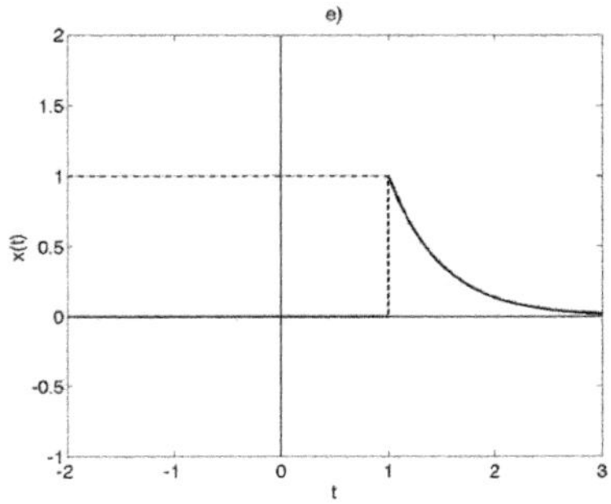

Aufgabe 1.3

Die Kosinusfunktion wird durch die Euler-Beziehung ersetzt

$$cos\ \omega t = \frac{1}{2}\left(e^{j\omega t}+e^{-j\omega t}\right).$$

Somit erhält man

$$\begin{aligned}\frac{d(4cos\ \omega t)}{dt} &= \frac{4}{2}\frac{d\left(e^{j\omega t}+e^{-j\omega t}\right)}{dt}\\ &= \frac{4}{2}\left(j\omega e^{j\omega t}-j\omega e^{-j\omega t}\right)\\ &= \frac{4}{2}j\omega\left(e^{j\omega t}-e^{-j\omega t}\right)\\ &= \frac{4}{2j}j^2\omega\left(e^{j\omega t}-e^{-j\omega t}\right)\\ &= -\frac{4}{2j}\omega\left(e^{j\omega t}-e^{-j\omega t}\right)\\ &= -4\omega\ sin\ \omega t.\end{aligned}$$

Aufgabe 1.4

a)

$$x(t) = x_1(t)[\sigma(t)-\sigma(t-2)]+x_2(t)[\sigma(t-2)-\sigma(t-4)]$$

Für die Geradengleichung gilt:

$$\frac{x-x_1}{t-t_1} = \frac{x_2-x_1}{t_2-t_1}$$

Gerade x_1:

$$\frac{x-0}{t-0} = \frac{2-0}{2-0} \curvearrowright x_1(t)=t$$

Gerade x_2:

$$\begin{aligned}\frac{x-2}{t-2} &= \frac{0-2}{4-2}=-1\\ x_2(t) &= -t+4\end{aligned}$$

Gesamtlösung:

$$x(t) = t[\sigma(t)-\sigma(t-2)]+(4-t)[\sigma(t-2)-\sigma(t-4)]$$

b)

$$x(t) = \frac{3}{2}(t-1)[\sigma(t-1)-\sigma(t-3)]+\frac{3}{2}(t-4)[\sigma(t-4)-\sigma(t-6)]$$

6.2 Kapitel 2

Aufgabe 2.1

a)

$$\ddot{u}_a(t)-8\dot{u}_a(t)+7u_a(t)=14\,u_e(t) \quad u_a(0)=0, \dot{u}_a=1$$

homogene Lösung: Der Eulersche Ansatz mit $u_a(t)=e^{\lambda t}$ ergibt

$$\lambda^2-8\lambda+7=0$$
$$\curvearrowright \quad \lambda_1=1, \lambda_2=7.$$

Für die homogene Lösung erhält man

$$u_{a\ homogen}(t)=C_1e^t+C_2e^{7t}.$$

partikuläre Lösung: Der Störansatz ist $f(t)=r_0$!

$$\bar{u}_a(t) = r_0$$
$$\dot{\bar{u}}_a(t) = 0$$
$$\ddot{\bar{u}}_a(t) = 0$$

Eingesetzt in die ursprüngliche Differenzialgleichung ergibt sich für $u_e(t)=1\sigma(t)$

$$0+0+7r_0=14$$
$$\curvearrowright \quad r_0=2.$$

Die Lösung der Differenzialgleichung ist somit

$$u_a(t) = C_1e^t+C_2e^{7t}+2.$$

Unter Berücksichtigung der Anfangswerte $u_a(0)=0$ und $\dot{u}_a(0)=1$ erhält man für die Konstanten

$$C_1 = -\frac{5}{2}$$
$$C_2 = \frac{1}{2}.$$

Zeichnen des Signalflussgrafen:
Zunächst wird die Differenzialgleichung nach der höchsten Ableitung der Ausgangsgröße $\ddot{u}_a(t)$ umgestellt.

$$\ddot{u}_a(t) = 8\dot{u}_a(t)-7u_a(t)+14u_e(t)$$

Die zweifache Integration der Differenzialgleichung ergibt

$$u_a(t) = 8\int u_a(t) - 7\int\int u_a(t) + 14\int\int u_e(t).$$

Aus der Integralgleichung entwickelt man den Signalflussgrafen.

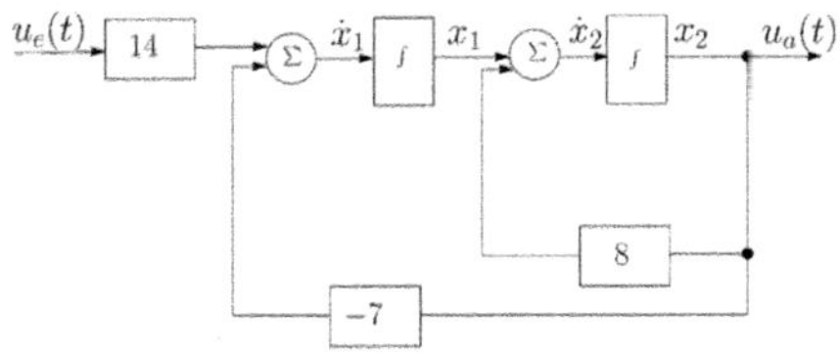

Aus dem Signalflussgraf kann unmittelbar ein gültiges Zustandsraummodell abgelesen werden.

$$\begin{aligned}
\dot{x}_1(t) &= -7x_2(t) + 14u_e(t)\\
\dot{x}_2(t) &= x_1(t) + 8x_2(t)\\
u_a(t) &= x_2(t).
\end{aligned}$$

Die Anfangswerte für dieses Modell sind:

$$\begin{aligned}
u_a(t) &= x_2(t)\\
u_a(0) &= x_2(0) = 0\\
\dot{u}_a(0) &= x_1(0) + 8x_2(0) = 1\\
&\curvearrowright \quad x_1(0) = 1, \quad x_2(0) = 0.
\end{aligned}$$

b)

$$\dot{u}_a(t) + 2\dot{u}_a(t) = 2\,u_e(t) \quad u_a(0) = -1$$

homogene Lösung: Der Eulersche Ansatz mit $u_a(t) = e^{\lambda t}$ ergibt

$$\begin{aligned}
&\lambda + 2 = 0\\
&\curvearrowright \quad \lambda = -2.
\end{aligned}$$

Für die homogene Lösung erhält man

$$u_{a\ homogen}(t) = C_1 e^{-2t}.$$

partikuläre Lösung: Der Störansatz ist $f(t) = r_0$!

$$\begin{aligned}
\bar{u}_a(t) &= r_0\\
\dot{\bar{u}}_a(t) &= 0
\end{aligned}$$

Eingesetzt in die ursprüngliche Differenzialgleichung ergibt sich für $u_e(t) = 1\sigma(t)$

$$\begin{aligned}
&0 + 2r_0 = 2\\
&\curvearrowright \quad r_0 = 1.
\end{aligned}$$

Die Lösung der Differenzialgleichung ist somit

$$u_a(t) = C_1 e^{-2t} + 1.$$

Unter Berücksichtigung des Anfangswertes $u_a(0) = -1$ erhält man für die Konstante

$$C_1 = -2.$$

Zeichnen des Signalflussgrafen: Die Differenzialgleichung wird nach der höchsten Ableitung der Ausgangsgröße $\dot{u}_a(t)$ umgestellt.

$$\dot{u}_a(t) = -2u_a(t) + 2u_e(t)$$

Die einfache Integration ergibt

$$u_a(t) = -2\int u_a(t) + 2\int u_e(t).$$

Im Folgenden erfolgt das Zeichnen des Signalflussgrafen.

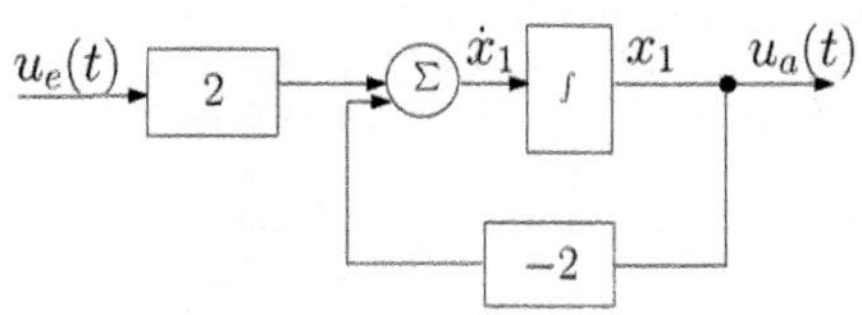

Aus dem Signalflussgraf kann unmittelbar ein gültiges Zustandsraummodell abgelesen werden.

$$\dot{x}_1(t) = -2x_1(t) + 2u_e(t)$$
$$u_a(t) = x_1(t).$$

Der Anfangswert für dieses Modell ist $x_1(0) = -1$.

Aufgabe 2.2

a)

Anzahl der Maschen $M = z - (k-1) = 3 - (2-1) = 2$. Für Masche I und II ergeben sich die Gleichungen

$$I) \quad u_e = u_c + u_a$$
$$II) \quad u_e = u_{R1}.$$

Für Masche I) kann man auch schreiben

$$I) \quad u_e = \frac{1}{C}\int i_c dt + u_a.$$

Die zeitliche Ableitung ergibt

$$I) \quad \dot{u}_e C = i_c + C\dot{u}_a.$$

Wir müssen nun den Kondensatorstrom i_c eliminieren und wenden aus diesem Grund den Knotenpunktsatz an.

$$\begin{aligned} i_c + i_R &= i \\ &\curvearrowright \quad i_c = i - i_R \end{aligned}$$

$$\begin{aligned} i_c &= \frac{u_a}{R_2} - \frac{u_{R1}}{R_1} \\ &= \frac{u_a}{R_2} - \frac{(u_e - u_a)}{R_1} \end{aligned}$$

Somit ergibt sich für Maschengleichung I)

$$I) \qquad \dot{u}_e C = \frac{u_a}{R_2} - \frac{(u_e - u_a)}{R_1} + C\dot{u}_a.$$

Die Gleichung wird mit R_1 und R_2 multipliziert

$$\dot{u}_e R_1 R_2 C = u_a R_1 - u_e R_2 + u_a R_2 + R_1 R_2 C \dot{u}_c.$$

Ordnet man nun nach Ein-und Ausgangsgröße erhält man

$$R_1 R_2 C \dot{u}_e(t) + u_e(t) R_2 = R_1 R_2 C \dot{u}_a(t) + u_a(t)(R_1 + R_2).$$

Aufgabe 2.3

a)

Anzahl der Maschen $M = z - (k-1) = 2 - (2-1) = 1$. Für Masche I gilt

$$\begin{aligned} u_e &= u_{R1} + u_c + u_{R2} \\ &= R_1 i + \frac{1}{C}\int i dt + u_a. \end{aligned}$$

Für den Strom ergibt sich $i = \frac{u_a}{R_2}$. Somit erhält man für die Maschengleichung

$$u_e(t) = \frac{R_1}{R_2} u_a(t) + \frac{1}{R_2 C}\int u_a(t) dt + u_a(t).$$

Die zeitliche Ableitung ergibt die gesuchte Differenzialgleichung

$$\dot{u}_e(t) = \left(\frac{R_1}{R_2} + 1\right)\dot{u}_a(t) + \frac{1}{R_2 C} u_a(t).$$

Aufgabe 2.4

a)

homogene Lösung:

$$u_{a\ homogen}(t) = C_1 e^t + C_2 e^{-3t}$$

partikuläre Lösung: Der Ansatz für die rechte Seite ist

$$\begin{aligned}\bar{u}_a &= r_0 + r_1 t \\ \dot{\bar{u}}_a &= 0 + r_1 \\ \ddot{\bar{u}}_a &= 0.\end{aligned}$$

Eingesetzt in die gegebene Differenzialgleichung erhält man

$$0 + 4r_1 - 6r_0 - 6r_1 t = 0 + t.$$

Der Koeffizientenvergleich ergibt

$$-6r_1 t = t \quad \curvearrowright \quad r_1 = -\frac{1}{6}$$

$$4r_1 - 6r_0 = 0. \quad \curvearrowright \quad r_0 = -\frac{1}{9}$$

Für die Gesamtlösung der Differenzialgleichung erhält man

$$u_a(t) \quad = \quad C_1 e^t + C_2 e^{-3t} - \frac{1}{9} - \frac{1}{6}t.$$

Unter Berücksichtigung der Anfangswerte $u_a(0) = \dot{u}_a(0) = 0$ erhält man für die Konstanten

$$\begin{aligned}C_1 &= \frac{1}{8} \\ C_2 &= -\frac{1}{72}.\end{aligned}$$

Zeichnen des Signalflussgrafen: Die Differenzialgleichung wird nach der höchsten Ableitung der Ausgangsgröße $\ddot{u}_a(t)$ umgestellt.

$$\ddot{u}_a(t) \quad = \quad -4\dot{u}_a(t) + 6u_a(t) + u_e(t)$$

Die zweifache Integration ergibt

$$u_a(t) \quad = \quad -4\int u_a(t) + 6\int\int u_a(t) + \int\int u_e(t).$$

Im Folgenden erfolgt das Zeichnen des Signalflussgrafen.

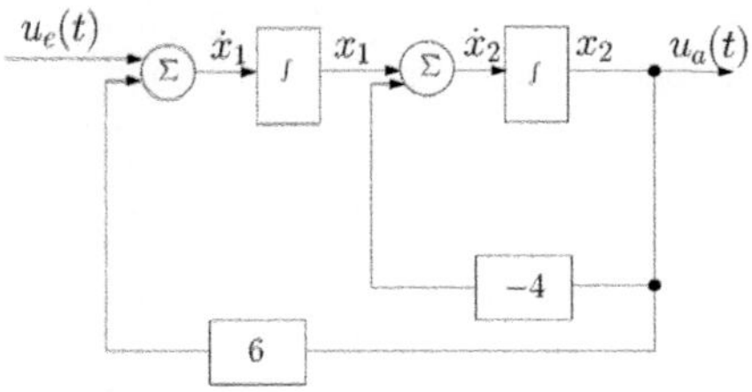

Aus dem Signalflussgraf kann unmittelbar ein gültiges Zustandsraummodell abgelesen werden.

$$\begin{aligned}\dot{x}_1(t) &= 6x_2(t) + u_e(t)\\ \dot{x}_2(t) &= x_1(t) - 4x_2(t)\\ u_a(t) &= x_2(t)\end{aligned}$$

Die Anfangswerte für dieses Modell sind:

$$\begin{aligned}u_a(t) &= x_2(t)\\ u_a(0) &= x_2(0) = 0\\ \dot{u}_a(0) &= x_1(0) - 4x_2(0) = 0\\ &\curvearrowright \quad x_1(0) = 0, \quad x_2(0) = 0.\end{aligned}$$

Aufgabe 2.5

a)

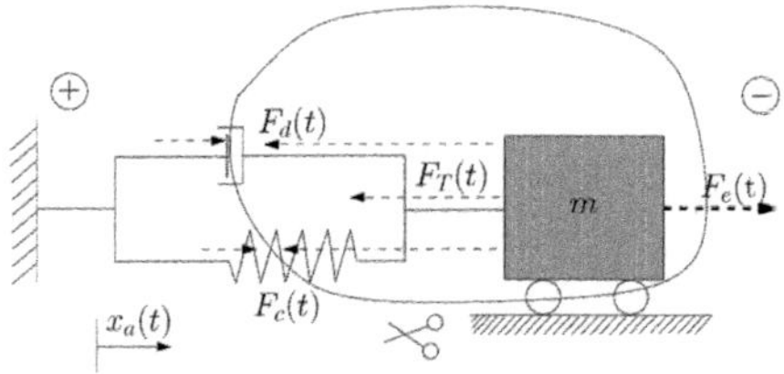

Das Modell besteht aus einer Masse, einer Feder und einem Dämpfer. Das vorhanden sein einer sich bewegende Masse bedeutet, dass man im Ergebnis der Modellbildung eine Differenzialgleichung zweiter Ordnung erhält. Das Freischneiden der Masse ergibt nach d'Alembert das Kräftegleichgewicht.

$$\begin{aligned}F_c(t) + F_d(t) + F_T - F_e(t) &= 0\\ F_c(t) + F_d(t) + F_T &= F_e(t)\\ cx_a(t) + d\dot{x}_a(t) + m\ddot{x}_a(t) &= 5t\end{aligned}$$

b)

homogene Lösung:

$$\begin{aligned}m\ddot{x}_a(t) + d\dot{x}_a(t) + cx_a(t) &= 0\\ m\lambda^2 + d\lambda + c &= 0\\ \lambda^2 + \frac{d}{m}\lambda + \frac{c}{m} &= 0\end{aligned}$$

Die Lösungen der Eigenwerte λ_1 und λ_2 sind

$$\begin{aligned}\lambda_{1/2} &= -\frac{d}{2m} \pm \sqrt{\frac{d^2}{4m^2} - \frac{c}{m}}\\ &= -\frac{d}{2m} \pm \sqrt{\frac{d^2 - 4mc}{4m^2}}\\ &= -\frac{d}{2m} \pm \frac{1}{2m}\sqrt{d^2 - 4mc}.\end{aligned}$$

$\lambda_1 = -0.2929$ und $\lambda_2 = -1.7071$. Da beide Eigenwerte reell sind, erhält man für die homogene Lösung

$$x_a(t) \quad = \quad C_1 e^{-0.2929t} + C_2 e^{-1.7071t}.$$

partikuläre Lösung: Der Ansatz für die rechte Seite ist

$$\begin{aligned} \bar{x}_a &= r_0 + r_1 t \\ \dot{\bar{x}}_a &= 0 + r_1 \\ \ddot{\bar{x}}_a &= 0. \end{aligned}$$

Eingesetzt in die gegebene Differenzialgleichung erhält man

$$0 + dr_1 + c(r_0 + r_1 t) = 0 + 5t$$
$$0 + dr_1 + cr_0 + cr_1 t = 0 + 5t.$$

Der Koeffizientenvergleich ergibt

$$cr_1 t = 5t \quad \curvearrowright \quad r_1 = \frac{5}{c} = 1$$

$$dr_1 + cr_0 = 0 \quad \curvearrowright \quad r_0 = -\frac{dr_1}{c} = -\frac{5d}{c^2} = -4.$$

$$x_a(t) \quad = \quad C_1 e^{-0.2929t} + C_2 e^{-1.7071t} - 4 + t$$

Unter Berücksichtigung der Anfangswerte $x_a(0) = 0.01$ und $\dot{x}_a(0) = 0.2$ erhält man zwei Gleichungen für die Koeffizienten C_1 und C_2.

$$\begin{aligned} C_1 + C_2 &= 4.01 \\ 0.2929C_1 + 1.7071C_2 &= 0.8 \end{aligned}$$
$$\curvearrowright \quad C_1 = 4.2748 \quad C_2 = -0.2648$$

c)
Die Anfangswerte ergeben sich aus den Gleichungen

$$\begin{aligned} x_a(t) &= 4.2748e^{-0.2929t} - 0.2648e^{-1.7071t} - 4 + t \\ \dot{x}_a(t) &= -1.2521e^{-0.2929t} + 0.4520e^{-1.7071t} + 1. \end{aligned}$$

Für $t = 2s$ erhält man die neuen Anfangswerte

$$\begin{aligned} x_a(2) &= 4.2748e^{-0.2929*2} - 0.2648e^{-1.7071*2} - 4 + 2 = 0.3709m \\ \dot{x}_a(2) &= -1.2521e^{-0.2929*2} + 0.4520e^{-1.7071*2} + 1 = 0.3179m/s. \end{aligned}$$

Die Eingangsgröße ist die Kraft $F_e(t)$, die eine abfallende Gerade darstellt. Wir benötigen die Geradengleichung. Für die Geradengleichung gilt

$$\begin{aligned} \frac{F_e - F_1}{t - t_1} &= \frac{F_2 - F_1}{t_2 - t_1} \\ \frac{F_e - 10}{t - 2} &= -\frac{10}{2} = -5 \end{aligned}$$
$$\curvearrowright \quad F_e(t) = -5t + 20.$$

Die Eingangsgröße für $2 \leq t \leq 4$ ist $F_e(t) = -5t + 20$. Im Folgenden muss die Differenzialgleichung

$$m\ddot{x}_a(t) + d\dot{x}_a(t) + cx_a(t) \quad = \quad -5t + 20$$

gelöst werden. Die homogene Lösung entspricht der Lösung aus b)

$$x_a(t) \quad = \quad C_1 e^{-0.2929t} + C_2 e^{-1.7071t}.$$

partikuläre Lösung: Für den Ansatz der rechten Seite gilt:

$$\begin{aligned} \bar{x}_a &= r_0 + r_1 t \\ \dot{\bar{x}}_a &= 0 + r_1 \\ \ddot{\bar{x}}_a &= 0. \end{aligned}$$

Eingesetzt in die gegebene Differenzialgleichung erhält man

$$\begin{aligned} 0 + dr_1 + c(r_0 + r_1 t) = -5t + 20 \\ 0 + dr_1 + cr_0 + cr_1 t = -5t + 20. \end{aligned}$$

Der Koeffizientenvergleich ergibt

$$cr_1 t = -5t \quad \curvearrowright \quad r_1 = -\frac{5}{c} = -1$$

$$dr_1 + cr_0 = 20 \quad \curvearrowright \quad r_0 = \frac{20 - dr_1}{c} = \frac{20 + 20}{5} = 8.$$

$$x_a(t) \quad = \quad C_1 e^{-0.2929t} + C_2 e^{-1.7071t} + 8 - t$$

Die zeitliche Ableitung der Ausgangsgleichung ergibt

$$\dot{x}_a(t) \quad = \quad -0.2929 C_1 e^{-0.2929t} - 1.7071 C_2 e^{-1.7071t} - 1.$$

Für $t = 2$ und unter Berücksichtigung der Anfangswerte $x_a(2) = 0.3709\ m$ und $\dot{x}_a = 0.3179\ m/s$ erhält man

$$\begin{aligned} 0.3709 &= 0.5566 C_1 + 0.0329 C_2 + 6 \\ 0.3179 &= -0.1630 C_1 - 0.0562 C_2 - 1 \end{aligned}$$

bzw.

$$\begin{aligned} -5.6291 &= 0.5566 C_1 + 0.0329 C_2 \\ 1.3179 &= -0.1630 C_1 - 0.0562 C_2 \\ &\curvearrowright \quad C_1 = -10.5330 \quad C_2 = 7.0993. \end{aligned}$$

Für das Zeitintervall $2 \leq t \leq 4$ erhält man die Lösung

$$x_a(t) \quad = \quad -10.5330 e^{-0.2929t} + 7.0993 e^{-1.7071t} + 8 - t.$$

d)

```
% Zeitintervall 0 <= t <= 2
c1 =  4.2748;
c2 = -0.2648;
t1 = [0 0.1 0.2 0.3 0.4 0.5 0.6 0.7 0.8 0.9 1.0 1.1 1.2 1.3 1.4 1.5...
      1.6 1.7 1.8 1.9 2.0];
for i=1:length(t1)
    xa1(i) = c1*exp(-0.2929*t1(i)) + c2*exp(-1.7071*t1(i)) -4 + t1(i);
end

% Zeitintervall 2 <= t <= 4
c1 = -10.5330;
c2 =  7.0993;
t2 = [2.0 2.1 2.2 2.3 2.4 2.5 2.6 2.7 2.8 2.9 3.0 3.1 3.2 3.3 3.4 3.5...
      3.6 3.7 3.8 3.9 4.0];
for i=1:length(t2)
    xa2(i) = c1*exp(-0.2929*t2(i)) +  c2*exp(-1.7071*t2(i)) +8 -t2(i);
end

figure(1)
plot(t1,xa1, 'k', t2,xa2,'k','Linewidth',2); hold on;
plot([2 2],[0 1],'k-.'); hold on;
plot([0 2],[0.3709 0.3709],'k-.');
text(-0.3,0.3709,'0.3709')
ylabel('x_a(t) in m','fontsize',16)
xlabel('t in s','fontsize',16)
print -djpeg kap2aufg2_5d.jpg
```

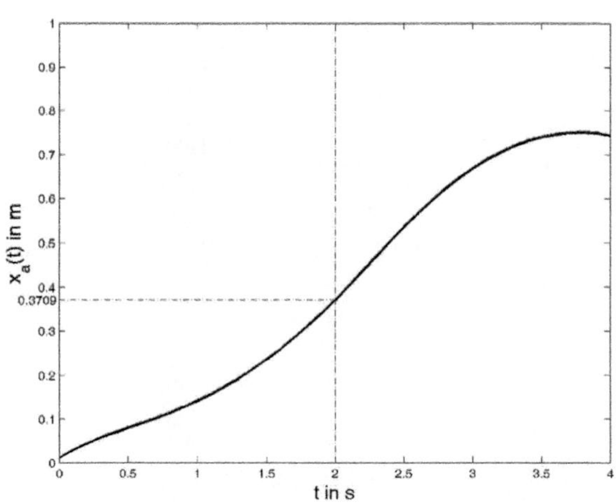

6.3 Kapitel 3

Aufgabe 3.1

a)

$$\begin{aligned} X(s) &= \int_0^{\infty} e^{-2t} e^{-st} dt \\ &= \int_0^{\infty} e^{-(2+s)t} dt \\ &= \frac{-1}{(s+2)} e^{-(2+s)t} \Big|_0^{\infty} \\ &= 0 - \frac{-1}{(s+2)} \\ &= \frac{1}{(s+2)} \end{aligned}$$

b)

$$\begin{aligned} X(s) &= \int_0^{\infty} t e^{-2t} e^{-st} dt \\ &= \int_0^{\infty} \underbrace{t}_{u} \underbrace{e^{-(2+s)t}}_{v'} dt \end{aligned}$$

Mithilfe der partiellen Integration $\int uv' = uv - \int u'vdt$ erhält man

$$\begin{aligned} u = t \quad &\curvearrowright \quad u' = 1 \\ v' = e^{-(2+s)t} \quad &\curvearrowright \quad v = -\frac{e^{-(2+s)t}}{(2+s)}. \end{aligned}$$

$$\begin{aligned} X(s) &= -\frac{te^{-(2+s)t}}{(2+s)} + \int_0^{\infty} \frac{1e^{-(2+s)t}}{(2+s)} dt \\ &= \left(-\frac{te^{-(2+s)t}}{(2+s)} - \frac{1e^{-(2+s)t}}{(2+s)^2} \right) \Big|_0^{\infty} \\ &= \frac{1}{(2+s)^2} \end{aligned}$$

c)

$$\begin{aligned} x(t) &= cos(\omega t) \\ &= \frac{1}{2} \left(e^{j\omega t} + e^{-j\omega t} \right) \end{aligned}$$

Für die Laplace-Transformierte ergibt sich

$$\begin{aligned}
X(s) &= \frac{1}{2}\int_0^\infty \left(e^{j\omega t}+e^{-j\omega t}\right)e^{-st}\,dt \\
&= \frac{1}{2}\int_0^\infty e^{(j\omega-s)t}\,dt+\frac{1}{2}\int_0^\infty e^{-(j\omega+s)t}\,dt \\
&= \left.\frac{e^{(j\omega-s)t}}{2(j\omega-s)}\right|_0^\infty-\left.\frac{e^{-(j\omega+s)t}}{2(j\omega+s)}\right|_0^\infty \\
&= \frac{1}{2}\frac{1}{s-j\omega}+\frac{1}{2}\frac{1}{s+j\omega} \\
&= \frac{1}{2}\left(\frac{s+j\omega+s-j\omega}{(s-j\omega)(s+j\omega)}\right) \\
&= \frac{s}{s^2+\omega^2}.
\end{aligned}$$

Aufgabe 3.2

a)

Die Laplace-Transformierte der Ausgangsgröße ergibt sich wie folgt

$$\begin{aligned}
U_a(s)s^2+2U_a(s)s+2U_a(s) &= 2U_e(s) \\
U_a(s) &= \frac{2U_e(s)}{s^2+2s+2} \\
U_a(s) &= \frac{2}{s(s^2+2s+2)}.
\end{aligned}$$

b)

Die Laplace-Transformierte der Ausgangsgröße ergibt sich wie folgt

$$\begin{aligned}
[U_a(s)s^2-su_a(0)-\dot{u}_a(0)]+2[U_a(s)s-u_a(0)]+2U_a(s) &= 2U_e(s) \\
[U_a(s)s^2-s-1]+2U_a(s)s-2+2U_a(s) &= 2U_e(s) \\
U_a(s)[s^2+2s+2] &= 2U_e(s)+s+3 \\
U_a(s) &= \frac{s+3}{s^2+2s+2}+\frac{2}{s(s^2+2s+2)}.
\end{aligned}$$

Aufgabe 3.3

Nullstelle: $0.4s+1=0 \curvearrowright s_N=-\frac{1}{0.4}=-2.5$

Polstellen: $s(0.4s-1)=0 \curvearrowright s_{p1}=\frac{1}{0.4}=2.5$ und $s_{p2}=0$

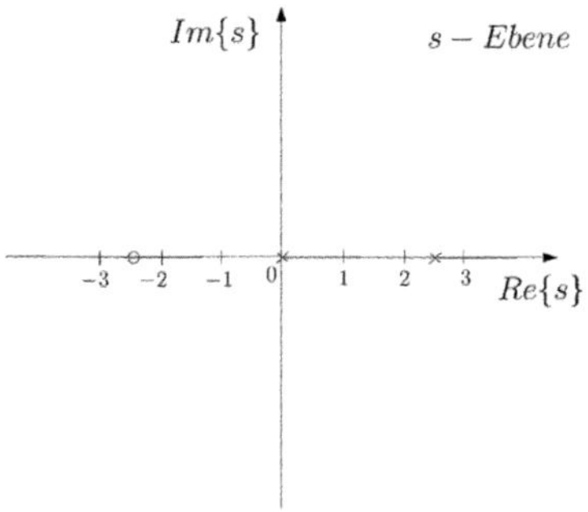

Aufgabe 3.4

a)

Für die Impedanz eines Kondensators gilt $X_c = \frac{1}{j\omega C} = \frac{1}{sC}$. Für die Lösung des Problems wird die *Spannungsteilerregel* verwendet. Diese besagt, dass das Verhältnis von Teilspannungsabfall zu Gesamtspannungsabfall gleich dem Verhältnis aus Widerstand unter dem Teilspannungsabfall zu Gesamtwiderstand ist. Diese Regel wird auf das Netzwerk angewendet.

$$\begin{aligned}\frac{U_a(s)}{U_e(s)} &= \frac{R_2}{R_1+R_2+X_c}\\ &= \frac{R_2}{R_1+R_2+\frac{1}{Cs}}\\ G(s) &= \frac{R_2Cs}{1+(R_1+R_2)Cs}\end{aligned}$$

b)

Die Rücktransformation unter Nutzung des Differenziationssates in den Zeitbereich ergibt

$$\dot{u}_e(t) = \left(\frac{R_1}{R_2}+1\right)\dot{u}_a(t)+\frac{1}{R_2C}u_a(t).$$

Aufgabe 3.5

a)

Die Anwendung der Spannungsteilerregel ergibt

$$\begin{aligned}\frac{U_a(s)}{U_e(s)} &= \frac{R_2}{R_2+R_1//X_c}\\ &= \frac{R_2}{R_2+\frac{R_1X_c}{R_1+X_c}}\\ &= \frac{R_2(R_1+X_c)}{R_2(R_1+X_c)+R_1X_c}\\ &= \frac{R_1R_2+\frac{R_2}{Cs}}{R_1R_2+\frac{R_1}{Cs}+\frac{R_2}{Cs}}\\ G(s) &= \frac{R_1R_2Cs+R_2}{R_1R_2Cs+R_1+R_2}.\end{aligned}$$

b)
Die Rücktransformation unter Nutzung des Differenziationssates in den Zeitbereich ergibt

$$R_1R_2C\dot{u}_e(t) + u_e(t)R_2 \quad = \quad R_1R_2C\dot{u}_a(t) + u_a(t)(R_1 + R_2).$$

Aufgabe 3.6
a)

$$X(s) = \frac{(s+2)}{(s+1)(s+3)}$$

Ansatz: Fall 1)

$$X(s) \quad = \quad \frac{C_1}{(s+1)} + \frac{C_2}{(s+3)}$$

Koeffizientenberechnung:

$$\begin{aligned} C_1 &= [(s+1)X(s)]_{s=-1} = \left.\frac{(s+2)}{(s+3)}\right|_{s=-1} = \frac{1}{2} \\ C_2 &= [(s+3)X(s)]_{s=-3} = \left.\frac{(s+2)}{(s+1)}\right|_{s=-3} = \frac{1}{2} \end{aligned}$$

$$X(s) \quad = \quad \frac{0.5}{(s+1)} + \frac{0.5}{(s+3)}$$

Unter Verwendung der Tab.3.1 (Zeile 5) ergibt sich für den Zeitbereich

$$x(t) \quad = \quad 0.5e^{-t} + 0.5e^{-3t}.$$

Anfangswertsatz:

$$\begin{aligned} x(t=0) &= \lim_{s\to\infty} \frac{s(s+2)}{(s+1)(s+3)} \\ &= \lim_{s\to\infty} \frac{\cancel{s^2}(1+\frac{2}{s})}{\cancel{s^2}(1+\frac{1}{s})(1+\frac{3}{s})} \\ &= 1 \end{aligned}$$

Endwertsatz:

$$x(t\to\infty) \quad = \quad \lim_{s=0} \frac{s(s+2)}{(s+1)(s+3)} = 0$$

b)

$$X(s) = \frac{4}{s(s+2)^2}$$

Ansatz: Fall 2)

$$X(s) = \frac{C_{11}}{(s+2)} + \frac{C_{12}}{(s+2)^2} + \frac{C_2}{s}$$

Koeffizientenberechnung:

$$C_2 = [sX(s)]_{s=0} = \left.\frac{4}{(s+2)^2}\right|_{s=0} = 1$$

$$C_{12} = \left[(s+2)^2 X(s)\right]_{s=-2} = \left.\frac{4}{s}\right|_{s=-2} = -2$$

Berechnung Koeffizient C_{11}: Ansatzgleichung wird mit s multipliziert und dann wird höchste Potenz von s ausgeklammert.

$$\frac{4\not{s}}{\not{s}(s+2)^2} = \frac{C_{11}s}{(s+2)} + \frac{C_{12}s}{(s+2)^2} + \frac{C_2\not{s}}{\not{s}}$$

$$\frac{4}{s^2(1+\frac{2}{s})^2} = \frac{C_{11}\not{s}}{\not{s}(1+\frac{2}{s})} - \frac{2\not{s}}{s\not{2}(1+\frac{2}{s})^2} + 1$$

Für $s \longrightarrow \infty$ ergibt sich

$$0 = C_{11} + 0 + 1$$

$$\curvearrowright \quad C_{11} = -1.$$

Man erhält

$$X(s) = -\frac{1}{(s+2)} - \frac{2}{(s+2)^2} + \frac{1}{s}.$$

Unter Verwendung der Tab.3.1 (Zeilen 3;5;7) ergibt sich für den Zeitbereich

$$x(t) = -e^{-2t} - 2te^{-2t} + 1\sigma(t)$$

bzw.

$$x(t) = -(1+2t)e^{-2t} + 1.$$

Anfangswertsatz:

$$x(t=0) = \lim_{s\to\infty} \frac{4\not{s}}{\not{s}(s+2)^2} = 0$$

Endwertsatz:

$$x(t\to\infty) = \lim_{s=0} \frac{4\not{s}}{\not{s}(s+2)^2} = 1$$

c)

$$X(s) = \frac{2}{(s^2+4s+8)}$$

Ansatz: Fall 3)
Polstellen von $X(s)$ sind: $s_{p1} = -2+2j$ und $s_{p2} = -2-2j$

$$X(s) = \frac{C_1}{[s-(-2+2j)]} + \frac{C_2}{[s-(-2-2j)]}$$

Koeffizientenberechnung:

$$\begin{aligned} C_1 &= [(s-(-2+2j))X(s)]_{s=-2+2j} \\ &= \left.\frac{2}{[s-(-2-2j)]}\right|_{s=-2+2j} \\ &= \frac{2}{[\cancel{-2}+2j\cancel{+2}-2j]} \\ &= \frac{2}{4j} \\ &= -\frac{1}{2}j \end{aligned}$$

$$\begin{aligned} C_2 &= [(s-(-2-2j))X(s)]_{s=-2-2j} \\ &= \left.\frac{2}{[s-(-2+2j)]}\right|_{s=-2-2j} \\ &= \frac{2}{[\cancel{-2}-2j\cancel{+2}-2j]} \\ &= -\frac{2}{4j} \\ &= \frac{1}{2}j \end{aligned}$$

Es ergibt sich

$$X(s) = -\frac{0.5j}{[s-(-2+2j)]} + \frac{0.5j}{[s-(-2-2j)]}.$$

Unter Verwendung der Tab.3.1 (Zeile 5) erhält man für den Zeitbereich

$$x(t) = -0.5je^{(-2+2j)t} + 0.5je^{(-2-2j)t}.$$

Anfangswertsatz:

$$\begin{aligned} x(t=0) &= \lim_{s\to\infty} \frac{2s}{(s^2+4s+8)} \\ &= \lim_{s\to\infty} \frac{2\cancel{s}}{s^{\cancel{2}}(1+\frac{4}{s}+\frac{8}{s^2})} \\ &= 0 \end{aligned}$$

Endwertsatz:

$$x(t\to\infty) = \lim_{s=0} \frac{2s}{(s^2+4s+8)} = 0$$

Aufgabe 3.7

a)

$\lambda_1 = -1$ und $\lambda_2 = 7$

b)

$$G(s) = \frac{6}{(s^2 - 6s - 7)}$$

c)

Polstellen: $s_{p1} = -1$, $s_{p2} = 7$

Nullstellen: keine

d)

Nein, System ist nicht sprungfähig, da $d = 0$. Das System ist instabil.

Aufgabe 3.8

a)

$$\begin{aligned} U_a(s) &= (G_1(s)G_2(s) + G_3)U_e(s) \\ \curvearrowright \quad G_{gesamt} &= \frac{U_a(s)}{U_e(s)} = G_1(s)G_2(s) + G_3 \end{aligned}$$

b)

Zunächst ermittelt man die Teilübertragungsfunktion $G'(s)$ aus der Rückkopplung.

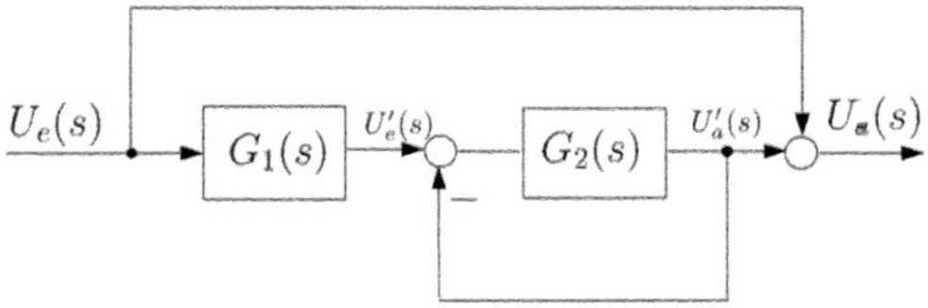

$$\begin{aligned} U_a'(s) &= G_2(s)\left(U_e'(s) - U_a'(s)\right) \\ U_a'(s)\,(1 + G_2(s)) &= G_2(s)U_e'(s) \\ \curvearrowright \quad G'(s) &= \frac{U_a'(s)}{U_e'(s)} = \frac{G_2(s)}{1 + G_2(s)} \end{aligned}$$

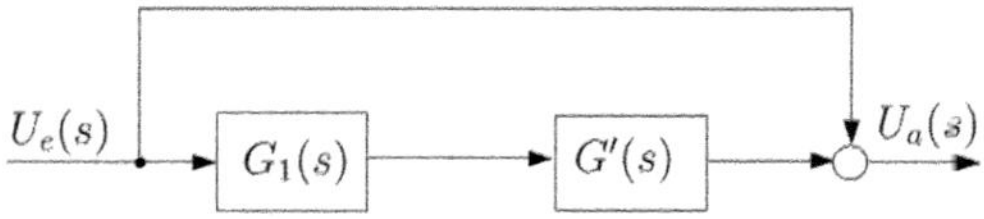

Für die Gesamtübertragungsfunktion erhält man somit

$$
\begin{aligned}
U_a(s) &= \left(G_1(s)G'(s)+1\right)U_e(s)\\
\curvearrowright\quad G(s) &= \frac{U_a(s)}{U_e(s)} = G_1(s)G'(s)+1\\
&= \frac{G_1(s)G_2(s)}{1+G_2(s)}+1.
\end{aligned}
$$

6.4 Kapitel 4

Aufgabe 4.1

a)

$$x(t) = e^{-2(t-1)}\sigma(t-1)$$

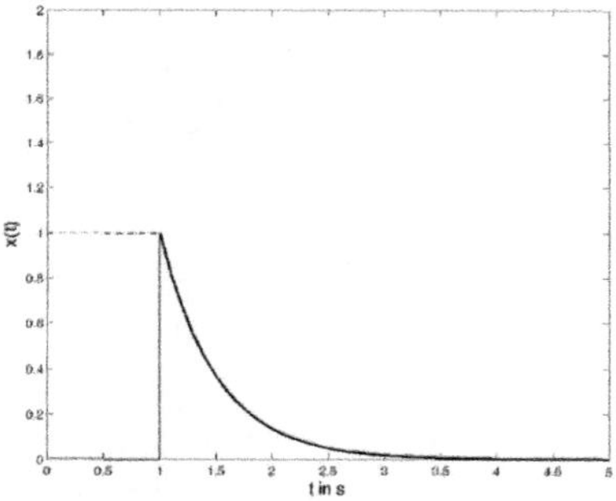

Das Signal ist eine Exponentialfunktion, die zum Zeitpunkt $t = 1\ s$ „aktiv“ wird. Für das Fourierintegral gilt

$$
\begin{aligned}
X(j\omega) &= \int_1^\infty e^{-2(t-1)}e^{-j\omega t}dt\\
&= e^2\int_1^\infty e^{-(2+j\omega)t}dt\\
&= -\left.\frac{e^2e^{-(2+j\omega)t}}{(2+j\omega)}\right|_1^\infty\\
&= 0-\left[-\frac{e^2e^{-(2+j\omega)}}{(2+j\omega)}\right]\\
&= \frac{e^2e^{-(2+j\omega)}}{(2+j\omega)}\\
&= \frac{e^{-j\omega}}{(2+j\omega)}\\
&= \frac{cos\ \omega - j\ sin\ \omega}{(2+j\omega)}.
\end{aligned}
$$

Um das Amplitudendichtespektrum zu ermitteln, ist es zweckmäßig, den komplexen Anteil im Nenner der Fourier-Transformierten mittels konjugiert komplexer Erweiterung zu eliminieren.

$$
\begin{aligned}
X(j\omega) &= \frac{e^{-j\omega}(2-j\omega)}{(2+j\omega)(2-j\omega)} \\
&= e^{-j\omega}\left[\frac{2}{4+\omega^2} - \frac{j\omega}{4+\omega^2}\right]
\end{aligned}
$$

$$
\begin{aligned}
|X(j\omega)| &= |e^{-j\omega}|\sqrt{\frac{4+\omega^2}{(4+\omega^2)^2}} \\
&= |e^{-j\omega}|\frac{1}{\sqrt{(4+\omega^2)}}
\end{aligned}
$$

Für $e^{-j\omega}$ gilt: $e^{-j\omega} = cos\ \omega - j\ sin\ \omega$ und damit für $|e^{-j\omega}| = \sqrt{cos^2\omega + sin^2\ \omega} = 1$. Für das Amplitudendichtespektrum erhält man

$$
|X(j\omega)| = \frac{1}{\sqrt{(4+\omega^2)}}.
$$

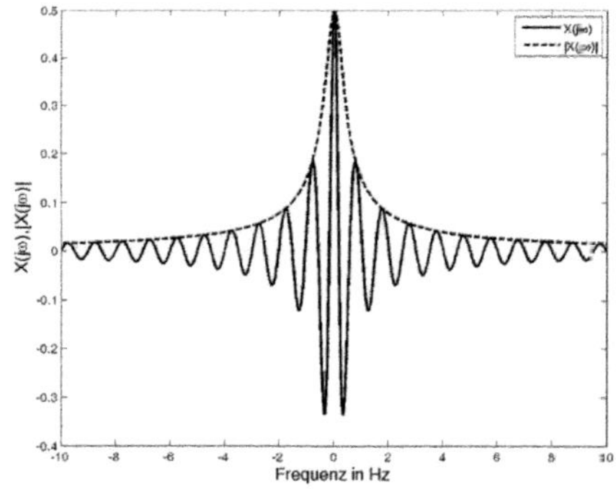

Matlab-file:

```
T = 1; % omega = 2*pi/f = 2*pi*T
w = linspace(-10*2*pi*T, 10*2*pi*T, 2000);
x_j = ((cos(w)-sin(w).*j).*(2-j.*w))./(4+w.^2);
X_j_abs = 1./sqrt(4+w.^2);

figure(1)
t = 1:0.1:5;
for i=1:length(t)
    x(i) = exp(-2*t(i)+2);
end
```

```
plot([0 1],[0 0],'k','LineWidth',1); hold on;
plot([1 1],[0 1],'k','LineWidth',1); hold on;
plot(t,x,'k','LineWidth',2); axis([0 5 0 2]);
xlabel('t in [s]','FontSize', 14);ylabel('x(t)','FontSize', 14);
```

b)

$$x(t) = e^{-2|t|}\sigma(t)$$

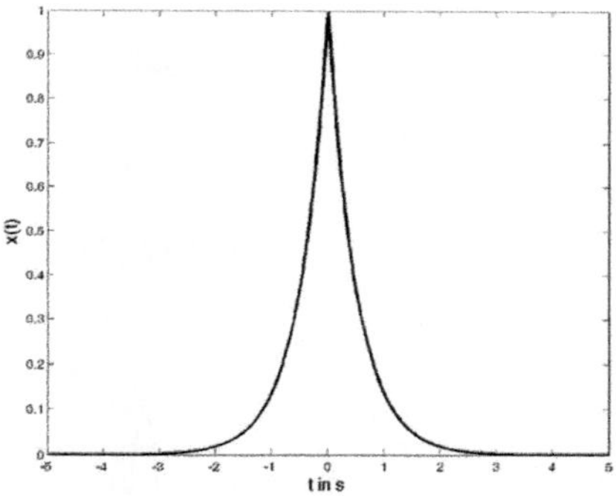

$$x(t) = \begin{cases} e^{2t} & für \quad t<0 \\ e^{-2t} & für \quad t>0 \end{cases}$$

Fourier-Transformierte

$$\begin{aligned} X(j\omega) &= \int_{-\infty}^{0} e^{2t}e^{-j\omega t}dt + \int_{0}^{\infty} e^{-2t}e^{-j\omega t}dt \\ &= \int_{-\infty}^{0} e^{(2-j\omega)t}dt + \int_{0}^{\infty} e^{-(2+j\omega)t}dt \\ &= \frac{1}{2-j\omega}e^{(2-j\omega)t}\Big|_{-\infty}^{0} - \frac{1}{2+j\omega}e^{-(2+j\omega)t}\Big|_{0}^{\infty} \\ &= \frac{1}{2-j\omega} + \frac{1}{2+j\omega} \\ &= \frac{2+j\omega+2-j\omega}{4+\omega^2} \\ &= \frac{4}{4+\omega^2} \end{aligned}$$

Die Fourier-Transformierte besteht nur aus dem Realteil, der Imaginärteil ist Null. Aus diesem Grund gilt $X(j\omega) = |X(j\omega|$! Für die Transformation der Funktion $x(t) = e^{-a|t|}$ in den Bildbereich gilt: $X(j\omega) = \frac{2a}{a^2+\omega^2}$ (vgl. Tab.3.1, Zeile 6)!

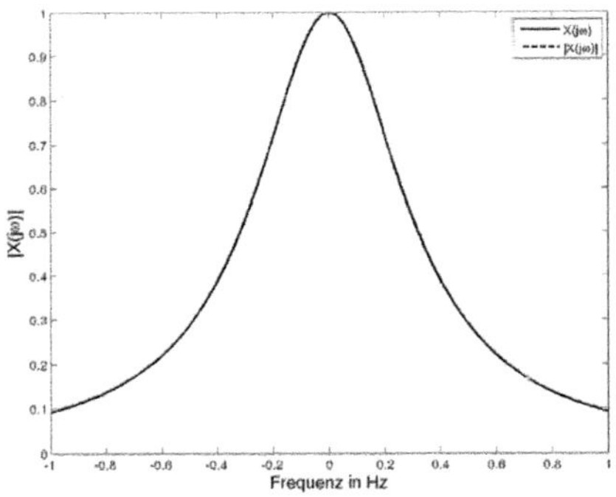

c)

$$x(t) = e^{-|t|} cos\ (2t)\ \sigma(t)$$

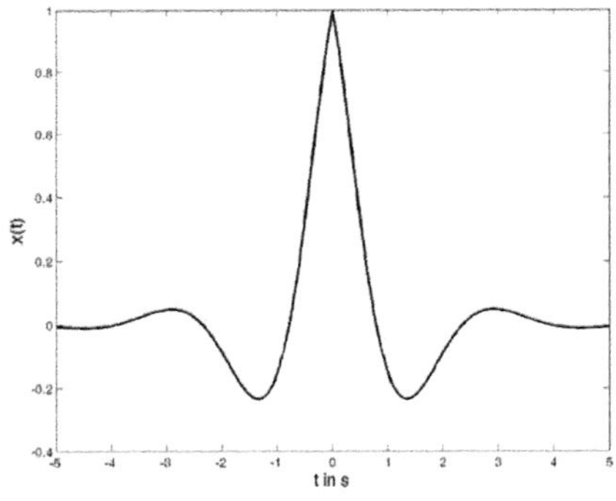

$$x(t) = \begin{cases} e^{t} cos\ (2t) & für \quad t < 0 \\ e^{-t} cos\ (2t) & für \quad t > 0 \end{cases}$$

Durch Anwendung der Eulerschen Beziehungen für die Kosinusfunktion erhält man für die zeitkontinuierliche Funktion

$$\begin{aligned} x(t) &= \frac{e^{|-t|}}{2}\left(e^{2jt} + e^{-2jt}\right) \\ &= \frac{e^{|-t|}}{2} e^{2jt} + \frac{e^{|-t|}}{2} e^{-2jt}. \end{aligned}$$

Nun gibt es zwei Möglichkeiten: a) Man rechnet wie in Aufgabe b) sukzessiv das Fourier-Integral aus oder b) benutzt einfach den Modulationssatz (s. Kapitel 4). Wir verwenden den Modulationssatz: Die Transformation von $\frac{e^{|-t|}}{2}$ ergibt im Bildbereich $\frac{2}{2(1+\omega^2)}$!

Für die Fourier-Transformierte erhält man

$$\begin{aligned} X(j\omega) &= \frac{2}{2(1+(\omega-2)^2)} + \frac{2}{2(1+(\omega+2)^2)} \\ &= \frac{10+2\omega^2}{\omega^4-6\omega^2+25}. \end{aligned}$$

Die Fourier-Transformierte besteht nur aus dem Realteil, der Imaginärteil ist Null. Aus diesem Grund gilt $X(j\omega) = |X(j\omega|$!

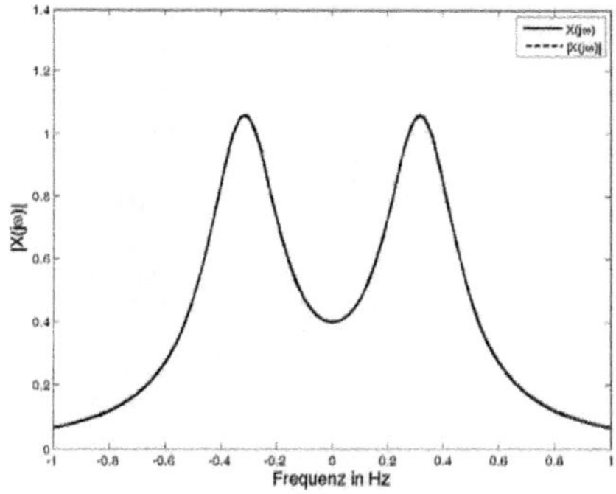

Aufgabe 4.2

a)

$$\begin{aligned} X(j\omega) &= \frac{2}{-\omega^2} \\ &= \frac{2}{(j\omega)^2} \end{aligned}$$

Unter Verwendung der Tab.3.1 (Zeile 10) und des Linearitätssatzes ergibt sich

$$x(t) = 2t.$$

b)

$$\begin{aligned} X(j\omega) &= \frac{j\omega+1}{(-\omega^2+2j\omega+5)} \\ &= \frac{j\omega+1}{((j\omega)^2+2j\omega+1+4)} \end{aligned}$$

Mit $s = j\omega$ erhält man

$$\begin{aligned} X(s) &= \frac{s+1}{(s^2+2s+1+4)} \\ &= \frac{s+1}{((s+1)^2+4)}. \end{aligned}$$

Unter Verwendung der Tab.3.1 (Zeile 17) ergibt sich

$$x(t) = e^{-t} cos(2t).$$

Aufgabe 4.3

$$x_1(t) = t$$

6.5 Kapitel 5

Aufgabe 5.1
a)

$$\begin{aligned} G(s) &= \frac{5}{(2+6s)} \\ &= \frac{\frac{5}{2}}{(1+3s)} \end{aligned}$$

$K_s = 2.5$ und $T_1 = 3\ s$

b)

$$\begin{aligned} G(j\omega) &= \frac{K_s}{(1+T_1^2\omega^2)} - \frac{K_s T_1 \omega}{(1+T_1^2\omega^2)} j \\ |G(j\omega)| &= \frac{K_s}{(\sqrt{1+T_1^2\omega^2}} \\ \phi(\omega) &= -arctan(T_1\omega) \end{aligned}$$

Matlab-file:

```
clc
clear all
format bank
w = [0.01 0.1 0.2 0.5 1 2 5 10];     % Frequenzvektor in rad/s
Ks = 2.5;
T1 = 3;

% G_jw = Ks./(1+T1*j.*w);            % Frequenzgang
Re = Ks./(1+T1^2.*w.^2);
Im = -Ks*T1.*w./(1+T1^2.*w.^2);

Betrag_G = Ks./sqrt(1+T1^2.*w.^2); % Betrag von G(jw)
phi = atan(-T1.*w);                % phi in Bogenmaß
phi_grad = phi*180/pi;             % phi in Grad!
[w' Re' Im' 20*log10(Betrag_G)' phi_grad']
```

Tabelle:

w	Re	Im	20log10|G|	phi
0.01	2.50	-0.07	7.95	-1.72
0.10	2.29	-0.69	7.58	-16.70
0.20	1.84	-1.10	6.62	-30.96
0.50	0.77	-1.15	2.84	-56.31
1.00	0.25	-0.75	-2.04	-71.57
2.00	0.07	-0.41	-7.72	-80.54
5.00	0.01	-0.17	-15.58	-86.19
10.00	0.00	-0.08	-21.59	-88.09

c)
$\omega_E = \frac{1}{T_1} = 0.33$

Aufgabe 5.2
Für die Differenzialgleichung

$$4\ddot{u}_a(t) + 0.5\dot{u}_a(t) + 2u_a(t) = 2u_e(t)$$

erhält man nach Anwendung der Laplace-Transformation die Übertragungsfunktion

$$\begin{aligned} G(s) &= \frac{2}{4s^2 + 0.5s + 2} \\ &= \frac{1}{2s^2 + 0.25s + 1}. \end{aligned}$$

$K_s = 1$, $T_1 = 0.25$ s und $T_2 = \sqrt(2)$

b)
$\omega_0 = \frac{1}{T_2} = 0.707$ (Eigenkreisfrequenz des ungedämpften Kreises), $D = \frac{T_1}{2T_2} = 0.088$ (Dämpfungskonstante) und $\delta = D\omega_0 = 0.062$ (Abklingkonstante)

Aufgabe 5.3

$$\dot{u}_a(t) + 0.5u_a(t) = 2\dot{u}_e(t)$$

a)
$DT_1 - Glied$

b)
Für die Übertragungsfunktion gilt

$$\begin{aligned} G(s) &= \frac{2s}{0.5 + s} \\ &= \frac{4s}{1 + 2s}. \end{aligned}$$

$K_s = 2$ und $T_1 = 2\ s$ ($K_D = K_s T_1$)

c)

$$G(j\omega) = \frac{K_s T_1^3 \omega^2}{(1+T_1^2\omega^2)} + \frac{K_s T_1^2 \omega}{(1+T_1^2\omega^2)} j$$

$$|G(j\omega)| = \frac{K_s T_1 \omega}{(\sqrt{1+T_1^2\omega^2}}$$

$$\phi(\omega) = arctan\left(\frac{1}{T_1 \omega}\right)$$

Tabelle:

w	Re	Im	20log10|G|	phi
0.10	0.08	0.38	-8.13	78.69
0.20	0.28	0.69	-2.58	68.20
0.50	1.00	1.00	3.01	45.00
1.00	1.60	0.80	5.05	26.57
2.00	1.88	0.47	5.76	14.04
5.00	1.98	0.20	5.98	5.71
10.00	2.00	0.10	6.01	2.86

Aufgabe 5.4

$$u_a(t) = \frac{3}{4}(2t + e^{-2t} - 1)$$

Laut Korrespondenz (s. Aufgabenstellung) folgt $a = 2$ und somit ergibt sich

$$G(s) = \frac{3}{(s+2)s^2}.$$

Die Verstärkung des PT_1-Gliedes ist $K_s = 1$ (s. Aufgabenstellung). Für das Eingangssignal erhält man

$$U_e(s) = \frac{3}{s^2}.$$

Die Rücktransformation in den Zeitbereich ergibt

$$u_e(t) = 3t\sigma(t).$$

Der Ingenieur hat als Eingangssignal eine Rampe auf das PT_1-Glied geschaltet.

Aufgabe 5.5
a) PT_1-System

b) $T_1 = 4\ s$ und $K_s = \frac{u_a(\infty)}{u_e(\infty)} = 3$

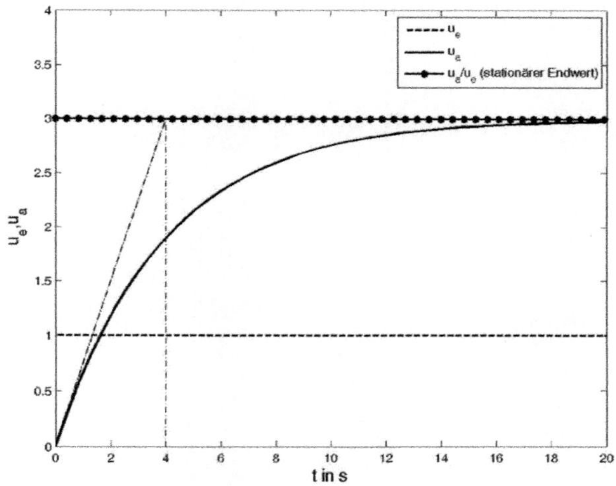

Literaturverzeichnis

[AB09] ANGERMANN, A., RAU M. WOHLFAHRT U. und M. BEUSCHEL: *Matlab-Simulink-Stateflow*. Oldenbourg Wissenschaftsverlag, 6. Auflage, 2009.

[BS77] BRONSTEIN, I. und K. SEMENDJAJEW: *Taschenbuch der Mathematik*. BSB B.G.Teubner Verlagsgesellschaft, 17. Auflage, 1977.

[Doe58] DOETSCH, G.: *Einführung in Theorie und Anwendung der Laplace-Transformation: Ein Lehrbuch für Studierende der Mathematik, Physik und Ingenieurwissenschaft*. Verlag Birkhäuser, Basel, Stuttgart, 1 Auflage, 1958.

[Föl08] FÖLLINGER, O.: *Regelungstechnik, Einführung in die Methoden und ihre Anwendung*. Hüthig Verlag, Heidelberg, 10. Auflage, 2008.

[GRS07] GIROD, B., R. RABENSTEIN und A. STENGER: *Einführung in die Systemtheorie. Signale und Systeme in der Elektrotechnik und Informationstechnik*. Teubner Verlag, 4. Auflage, 2007.

[Hei87] HEINEMANN, H.: *Physik - Verstehen durch Üben*. Fachbuchverlag Leipzig, 10. Auflage, 1987.

[HGP03] HEIMANN, B., W. GERHT und K. POPP: *Mechatronik - Komponenten-Methoden-Beispiele*. Fachbuchverlag Leipzig, 2. Auflage, 2003.

[Isr99] ISREMANN, R.: *Mechatronische Systeme, Grundlagen*. Springer Verlag, 1. Auflage, 1999.

[Isr06] ISREMANN, R. (HRSG.): *Fahrdynamikregelung, Modellbildung, Fahrerassistenzsysteme, Mechatronik*. Vieweg Verlag, 1. Auflage, 2006.

[JM03] JASCHEK, H. und L. MERZ: *Grundkurs der Regelungstechnik. Einführung in die praktischen und theoretischen Methoden*. Oldenbourg Verlag, Oldenbourg, 14. Auflage, 2003.

[Jör95] JÖRGL, H.P.: *Repetitorium Regelungstechnik Band 1*. Oldenbourg Verlag, 2. Auflage, 1995.

[Kor70] KORN, U.: *3. Herbstkurse Technische Kybernetik: Grundlagen der Zustandsbeschreibung von Regelungssystemen*. Deutsche Gesellschaft für Messtechnik und Automatisierung in der Kammer der Technik, Magdeburg, 1 Auflage, 1970.

[Kor97] KORN, U.: *Grundkurs Signale und Systeme*. Skript, Institut für Automatisierungstechnik, Otto-von-Guericke-Universität Magdeburg, 1997.

[Lun85] LUNZE, K.: *Einführung in die Elektrotechnik, Lehrbuch*. Verlag Technik Berlin, Berlin, 11. Auflage, 1985.

[Lun06] LUNZE, J.: *Regelungstechnik 1*. Springer Verlag, Berlin, 5 Auflage, 2006.

[LW85] LUNZE, K. und E. WAGNER: *Einführung in die Elektrotechnik, Arbeitsbuch*. Verlag Technik Berlin, Berlin, 5 Auflage, 1985.

[LW07] LUTZ, H. und W. WENDT: *Taschenbuch der Regelungstechnik: mit Matlab und Simulink.* Verlag Harry Deutsch, Berlin, 7 Auflage, 2007.

[Mat09] THE MATHWORKS INC., 3 Apple Hill Drive, Natick, MA 01760-2098: *Matlab 7 Getting Started Guide*, 2009.

[NCV+85] NICKEL, H., R. CONRAD, S. VÖLKEL, W. LEUPOLD, and G. HERFURTH: *Mathematik für Ingenieur- und Fachschulen, Band II.* Fachbuchverlag Leipzig, Leipzig, 8 edition, 1985.

[Ren04] RENNERT, I.: *Übertragungstechnik, Signale und Systeme, Analoge Signale und Systeme.* Skript, Telekommunikationsinformatik, Deutsche Telekom Fachhochschule Leipzig, 2004.

[Rod03] RODDECK, W.: *Einführung in die Mechatronik.* Teubner Verlag, 2. Auflage, 2003.

[Sch07] SCHULZ, G.: *Regelungstechnik 1: Lineare und Nichtlineare Regelung, Rechnergestützter Reglerentwurf.* Oldenbourg Verlag, Oldenbourg, 3 Auflage, 2007.

[WB05] WÖRN, H. und U. BRINGSCHULTE: *Echtzeitsysteme - Grundlagen, Funktionsweisen, Anwendungen.* Springer Verlag Berlin Heidelberg, Berlin, 1 Auflage, 2005.

[Wik07] WIKIPEDIA, http://en.wikipedia.org/wiki/Joseph_Fourier: *Fourier*, 2007.

[Wik08] WIKIPEDIA, http://de.wikipedia.org/wiki/Pierre-Simon_Laplace: *Laplace*, 2008.

Sachwortverzeichnis

GPSR Compliance

The European Union's (EU) General Product Safety Regulation (GPSR) is a set of rules that requires consumer products to be safe and our obligations to ensure this.

If you have any concerns about our products, you can contact us on ProductSafety@springernature.com

In case Publisher is established outside the EU, the EU authorized representative is:

Springer Nature Customer Service Center GmbH
Europaplatz 3
69115 Heidelberg, Germany

Batch number: 08566374

Printed by Printforce, the Netherlands